THE SURPRISING SCIENCE OF MEETINGS

HOW YOU CAN LEAD YOUR TEAM TO PEAK PERFORMANCE

高效開會聖經

99%的會，其實都開得不對！

Steven G. Rogelberg

史蒂文·羅吉伯格

陳思穎——譯

獻給最親愛的珊蒂、莎夏和戈登，
只要能與你們相會，要我去哪裡都願意。

前言‧‧‧‧‧‧007

PART 1
會前須知

CHAPTER 1
會議好多，心好累‧‧‧‧‧‧012

CHAPTER 2
讓會議消失？不，用科學搞定會議‧‧‧‧‧‧029

PART 2
給主持人的實證應用策略

CHAPTER 3
鏡中倒影八成是錯的‧‧‧‧‧‧040

CHAPTER 4
開四十八分鐘的會‧‧‧‧‧‧064

CONTENTS

CHAPTER 5 別過度依賴議程……084
CHAPTER 6 越大越壞……104
CHAPTER 7 別太習慣舊椅子……121
CHAPTER 8 從一開始就化解負能量……136
CHAPTER 9 不要再說話了！……156
CHAPTER 10 愚昧的遠距電話會議……175
CHAPTER 11 綜合應用……188
結語：運用科學，超越科學……202

TOOLS

工具

會議品質評估：計算開會時間浪費指數……214
適用於會議的參與度問卷和
三百六十度意見回饋問題範例……222
良好會議主持行為檢查表……225
圍圈討論執行檢查表……229
議程範本……232
完成出色會議紀錄的指南……234
會議期望快速調查問卷……236
致謝……237

PREFACE

／前言

有問題的並不是開會本身。對團隊和組織而言，會議必不可少；少了會議的話，組織內部的民主治理、包容、參與、爭取認同、溝通、心理依附、團隊合作、協調與向心力都將大打折扣。**真正需要根除的是效果不彰的會議、浪費時間的會議，以及沒有必要的會議**——本書想談的，正是如何解決這些問題。

開會占用了許多人和組織的大量時間，近年曾有人估算，每天光是在美國就有五千五百萬個會議要開。考量到與會者的平均薪資，就會發現開會時間的成本極其驚人，據估計，美國每年的開會成本高達一兆四千億美元，占二〇一四年美國GDP的8.2%；雖然投注這麼可觀的時間成本，獲得的效益卻相當低落。薪資查詢平台Salary.com曾調查職場上容易消耗時間的事務，發現「開太多會」是浪費時間的首要元凶，在作答的三千一百六十四位員工中，選擇這一項的人占了47%。假如換算成開銷，合理的估計是一年有兩千五百億美元虛耗在開太多爛會議上，這些粗估的數字還不包括爛會議造成的間接成本（例如員工的不滿和壓力）。

可惜的是，多數公司和領袖都以為糟糕的會議無可避免，只因為他們不曉得更好的做法，或嘗試過新方法卻未能長久維繫，畢竟那些方法都缺乏科學根據證明真的有效。不僅如此，爛會議會催生更多爛會議，漸漸使缺乏效能的措施成為組織中的常態。這一切綜合起來，就導致大家接受爛會議是生活中的必然、是經營業務理所當然的成本，一如倫敦下雨也是生活中的必然。可是會議跟天氣不一樣，會議是能夠改善的。

我帶領團隊研究會議這個主題超過十五年，曾調查、訪談來自數百家企業組織的上千名員工，本書將援引我的原創研究與大量實證文獻，目標是闡明會議背後的科學，為主持與參加會議的人提供方向、指引與解決之道。很多我認識的人都很驚訝居然有社會科學家和組織科學家專門研究開會，不過這門研究的內容曾發表於大量科學期刊與研討會、寫成書籍章節和研究論文，還獲得眾多媒體報導。與本書最密切相關的是，這門科學的洞察與實務應用可以讓高階主管和企業組織直接受惠，提升效率和生產力、推動創新、讓員工更積極參與、做出更好的決策、對各項計畫更投入、溝通更良好，全體員工也會更有革命情感。

本書是寫給所有必須在職場召開或主持會議的人，包括各行各業的小組長、小主管、經理、總監及高階主管；寫給人才培育專家、高階主管教練，以及其他提供團隊合作與領導能力相關訓練及諮詢的教育人士；也寫給致力於在所屬單位改變開會文化的人資主管跟組織領導者。

本書每一章都深入剖析一個導致開會與計畫脫節的棘手問題，藉此帶出具有科學根據的解決方法。大體上，我會先指出該章要討論的會議功能失常類型，然後提供一套具體的最佳做法和解決方式，協助你找回浪費的時間。我的建議都是依科學證據歸納出來的合理推論，同時也審視 Google 和 Amazon 這類頂尖企業組織採用什麼措施。

怎樣算開會？每一場集會的規模和目標可能都落差很大，整體而言，本書聚焦於企業組織最典型的會議，規模可能少則兩人，多則十五人，表定的目標一般都跟協調、溝通、決策與監督有關，從每週會議到策略會議、計畫會議、專案小組會議、疑難排解會議、腦力激盪會議、會報會議，全部屬於本書涵蓋的範疇。話雖如此，只要掌握了什麼方法有用、什麼沒用，我很難想像有哪一種集會或場合不會因此受益——你可以試著把所學應用於一日靜修，應用於組織單位的訓練，應用於跟客戶的會議，應用於社區集會、宗教集會或是家長會。任何超過兩人聚在一起討論、溝通、協調或決策的場合，一定可以受益於思慮周延、獲得實證的開會方式，這樣開會也才能真正尊重每個人的時間與心力。

爛會議容易消耗一個人或組織的生命力，不過只要運用經過實證的解決方式（像是本書探索的各種做法）把會議開好，就足以帶來改變人生、極其正面的影響。光是每天改善一場會議，正面效果就會向外擴散，隨著時間過去影響越來越多人，不僅能讓組織享受節約成本、改善組織策略等重大好處，還會使每個人得到滿足感、參與感和成就感。不僅如此，會議主持人或未來有意主持的人若掌握開會領導力將具備獨特的優勢，在職涯進展和個人成就都能更上一層樓，因為他們會相當善於和他人合作、建立關係、協助他人徹底發揮潛力，帶領團隊創造共贏；反過來說，一旦少了開會領導力，就只能和許多人一樣承擔引發開會「問題」的責任，成為把職場搞得烏煙瘴氣的背後推手。

會前須知

PART 1

SETTING
THE MEETING STAGE

CHAPTER 1

／會議好多，心好累

「會怎麼開都開不完。」

——來自幾乎每間公司每個員工的心聲

只要一對別人說起我在研究開會，幾乎每個人的反應都是唱起我所謂的「開會地獄」怨歌。其中通常包括諸如此類的內容：①「每次開會我都坐著乾等」；②「你要是想知道什麼叫做爛會議，在我後面跟一天就知道了」；③「我們甚至要開會討論開會」；④「你一定要來研究我們公司，根本就是超廢會議的經典案例」。無獨有偶，許多大眾媒體的下標也常傳遞類似的想法，比如《哈佛商業評論》便曾刊登一篇文章，題為〈別當開會狂〉。我還曾出於好奇用「開太多會」當關鍵字在谷歌上搜尋，結果搜到超過二十萬筆條目。

這不禁讓人想問：人一天到底要開多少會？數量有沒有隨著時間而增加？最直白的答案大概是「很多」跟「當然有啊」，不過在這邊讓我們試著用更嚴謹的方法探究看看。為了統計某樣東西的數量，必須先加以定義；定義了什麼叫開會以後，就能更有系統地整理出世界各地的具體會議數字。在這個前提上，「工作會議」可以定義為：兩名以上的員工為了有關特定組織或團體的運作事宜而聚在一起（目的可能是領導、告知資訊、治理、監管等等），進行聚會的方式可以是單一型態（例如視訊會議），也可以混合不同型態（例如大部分參加者面對面開會，只有一個人透過電話參與）。開會時間通常是預先排定（會事先通知），由其中一位與會者以正式或非正式的形式主持，長度有可能極短（五分鐘），也可能長達一整天。

軟體公司 Lucid Meetings 的共同創辦人愛麗絲．凱斯（Elise Keith）曾根據幾項最常受人引用的資料，包括 Verizon、Microsoft、Fuze 等公司蒐集彙整的會議數據，推斷出美國職場每天大約會開五千五百萬場會議——沒錯，在美國光是**一天**就要開五千五百萬個會。早在距今四十幾年前的一九七六年，安東尼．傑伊（Antony Jay）[1]便曾在《哈佛商業評論》提及美國每天差不多要開一千一百萬個會，顯然會議的數量確實隨著時間大幅增加了。

接著來看看這些了不得的數字如何轉換為一般人的日常工作經驗。愛麗絲・凱斯的分析與我的研究結果大致相符：非主管職每週平均要參加八個會議，主管職平均一週得開十二個會。對特定種類的工作（比如上班族）而言，數字無疑會更高，此外在組織階層中越往上爬，要開的會就越多，高層管理者更是一整天幾乎被會議塞滿。針對高層管理職務，「高階主管時間運用計畫」（Executive Time Use Project）曾發表一些頗有意思的研究，這個計畫的成員是一群倫敦政治經濟學院、哥倫比亞大學和哈佛大學的教授，專門研究執行長都把時間花在什麼事情上。其中一項研究的調查對象是九十四名頂尖義大利企業的執行長，外加三百五十七位印度企業領袖，結果開會在執行長的工作時間中占了60％，企業領袖則是56％，而且這還不包括視訊或電話會議！

為了更進一步了解這些數字的意義，我請幾位高階主管分別把他們平常的一日開會行程描述給我聽。首先我問了兩位擔任執行長角色的人，其中一人是某所頂尖州立大學的校長，他回答他一天通常要開七個會，總計將近五個小時。

州立大學校長	
七場會議，總計四小時又四十五分鐘	
上午 8:00–9:00	和直屬下屬開進度報告例會，幕僚長列席
上午 9:00–9:30	和直屬下屬開進度報告例會，幕僚長列席
上午 9:30–10:00	和直屬下屬開進度報告例會，幕僚長列席
上午 11:30 – 中午 12:00	和另外兩位主管開電話會議，討論和身心障礙者法有關的問題
下午 1:00–2:00	和監督委員會的人選面談
下午 2:00–3:00	新生入學典禮彩排
下午 3:15–3:30	關於某中心招募新主任的會議，參加者共三人

1 編註：安東尼．傑伊是一家英國影片製作與經銷公司的董事長。曾任英國國家廣播公司（BBC）電視製作人與執行製作，並同時與英國「Monty Python」節目的約翰．克力斯（John Cleese）一起製作一系列產業與管理的訓練影片。

另一位執行長任職於規模頗大的美國政策倡議非營利組織，他也告訴了我他的典型日程：一整天下來要開八個會，總共六個半小時。

美國政策倡議組織執行長	
八場會議，總計六個半小時	
上午 9:30–11:00	和高階主管領導團隊開會（會議人數十人）
上午 11:00– 中午 12:00	和顧問開會商討訴訟事宜（會議人數四人）
下午 12:00–12:30	和財務長開會（會議人數兩人）
下午 1:00–1:30	外部董事執行委員會會議（會議人數七人）
下午 1:30–2:00	和人資副總開會（會議人數兩人）
下午 3:00–3:30	iHeart 廣播電台訪問
下午 4:00–5:00	開會討論國際傳播策略及募款（會議人數六人）
下午 5:30–6:30	和一位美國記者見面

接下來，我跟一位副總兼人資長討論開會時數，對方任職於全球數一數二的食品飲料公司。她和我分享她某一天的行程，那天要開六個半小時的會，其中有好幾場還是為了準備日後預計要開的一個年度會議：跟一位部門執行長討論接班人計畫。據她表示，這樣的日程稀鬆平常。

國際食品飲料公司人力資源與人才管理副總裁	
六場會議，總計六個半小時	
上午 8:00–9:00	和某業務主管及三位直屬下屬開會，準備要與部門執行長開的接班人計畫年度會議
上午 10:00–11:00	和兩位直屬下屬開會討論高階主管評估計畫的策略
上午 11:00 – 中午 12:00	和另一位業務主管開會，準備要與部門執行長開的接班人計畫會議（會議人數五人）
下午 1:00–2:00	和五位業務主管開會準備即將與部門執行長開的接班人計畫會議，確保我們的候選人名單都一致（會議人數六人）
下午 2:30–4:30	人力計畫籌備：和另一位業務主管（銷售部門副總裁）開會，準備接班人計畫（會議人數四人）
下午 4:30–5:00	外部夥伴會議：和外部策略夥伴電話討論員工交接計畫（電話會議人數六人）

為何有這麼多會要開？

職場上顯然有大量的開會相關活動，組織高層主管要開的會尤其多，讓人心生另一個疑問：怎麼有這麼多會要開？撇除有些主管可能是出於個人喜好而過度濫用會議（比方說不願做決策，或是想「擺出」積極任事的樣子），這個問題的答案其實頗為複雜，在在反映了社會和企業組織隨著時代變遷的工作價值觀。如今有許多人相信員工包容、賦權、團隊合作、爭取員工認同、員工參與能帶來價值與益處，這些理念受到前所未有的看重，也被視為企業組織要在短期與長期持續生存和取得成功的有效途徑，而會議正是展現這類理念的重要機制。

與此相關，民主治理的觀念已深入企業組織的運作中，過往強調「指揮與控制」的領導模式不再是主流，組織反而愈趨扁平化，階層越來越少，然而這也殊途同歸地製造了更多會議，大家透過開會這個機制來凝聚員工、徵求意見、促進討論、促進多方合作的綜效、提供發聲機會、說明事項、協調合作、培養當責意識、共同學習與成長。本章開篇提及的《哈佛商業評論》

那篇文章中，一位藥廠高階主管如此說道：

我覺得我們公司有這麼多會議算是一種「文化稅」，因為我們希望營造包容和學習的環境……對我來說沒什麼不好。如果不用開更多會得到的是更獨裁專制的決策、比較少傾聽全公司上下的意見、比較少當面溝通和達成共識，那還是給我更多會議吧！

本書第二章將談到根絕會議絕對是個假目標，真正的目標應該是消除無效會議跟膨脹冗長的會議；然而，我們還是有必要了解開會帶給一個組織的內隱成本與外顯成本，以及這些開銷的投資報酬率。

我們把多少錢砸在開會上？

計算開會成本最基礎的方式就是考量時間和薪水。首先，將每位出席者的開會時長乘以他的時薪，再把所有出席者的數字加總。舉例來說，假設有七位處長級的主管要開團隊會議，總長一小時，出席者的平均年薪為十二萬美元（換算時薪約為一小時六十美元），那光是這場會議就耗費了四百二十美元的成本；倘若這個團隊會議每週要開一次，持續一整年，那麼單單這個會議的年度總成本就要兩萬一千美元左右。或假設有一場更高階的領導人員內部會議，十二人出席，長度為兩小時，每人平均年薪為二十四萬美元（約為每小時一百二十美元），單是開一次會的成本就要兩千八百八十美元；如果隔週開一次會，整年的總成本約為七萬四千八百八十美元。從這裡可以輕易看出，開會次數一旦乘上人數、不同職等與時長，成本頓時就高得驚人。接著再從公司的角度檢視這個問題，進一步推算：以 Xerox 公司為例，該公司曾估算製造與開發部門的開會成本，部門員工共有兩萬四千人，若論開會時間與員工薪水，每年估計需花費一億零四十萬美元；也有研究指出，約有15％的人事費用是消耗在開會上。最後，放眼整個社會，愛麗絲·凱斯的分析粗估美國每年支出的開會成本上看一兆四千億美元，等於二〇一四年美國GDP的8.2％。

有意思的是，這些數字其實還**低估**了開會成本。上述數字都不是依照「總雇用人事費」來計算，否則應該納入員工福利的成本，此外也忽略了涉及開會空間、開會設備與出席者潛在交通費的直接開銷。況且（或許也是最重要的一點），這些數字並未考慮到跟**爛會議**有關的間接成本——所謂爛會議就是出席者覺得是浪費時間的會議。間接成本包含機會成本，換句話說，這些時間本來可以花在其他更有成效的地方，即便只是靜靜探索自己的想法或激盪新點子（比如讓自己喘口氣，停下來回顧和思考）；另外，還有員工不得不熬過爛會議的潛在心理成本，這包括員工的投入度減損、心生不滿、士氣下降，以及耗費時間反覆回想跟埋怨爛會議；最後，有個概念叫「會議後復原症候群」（meeting recovery syndrome），指的是開完一場令人惱火的會議之後必須花時間冷靜下來，這個復原過程影響的不只是氣惱的出席者，還可能波及身邊聽他抱怨、提供支持的人，吸光旁人的精力。

一旦把所有直接成本和潛在間接成本納入考量，就明白砸在開會上的錢龐大得不可思議。如果把會議視作一種溝通工具，這搞不好是組織營運費用裡頭最大宗的未登載支出項目。我可以很有信心地說，除了開會之外，一個組織決不會如此漫不經心地砸這麼多錢在其他投資項目上；另一方面，不管是面對特定單位抑或是全公司上下的會議，卻又只投注如此稀少的資源來衡量、評估、設法改善開會狀況。

科學怎麼說？開會真的有用嗎？開會稱得上善用時間嗎？

對於開會的成效，各項科學研究的結論有不小的差異。一方面，有大量證據佐證開會榨乾了個人、團隊和整個組織的生命力。舉例來說，微軟在二〇〇五年以生產力和工作實務為題目，向將近四萬人做過調查，結果世界各地總計共有69％的員工表示開會缺乏生產力，美國則是71％。後來Salary.com在二〇一二年調查工作上有哪些事務會虛耗時間，發現職場上最浪費時間的是「開太多會」——確切而言，接受調查的三千一百六十四位員工中有47％選了這個選項。最後，哈里斯民調機構（Harris Poll）在二〇一四年為專案管理公司Clarizen做了一項調查，對象為超過兩千名在職成年人，把重點放在所謂的「進度報告會議」上，也就是開會讓團隊成員針對已完成與進行中的工作項目報告最新進展，結果將近五分之三的員工表示他們會在進度報告會議上同時做別的事，將近一半的受訪者回答與其參加進度會議，他們寧可做其他任何討厭的活動（比方說去監理所辦事），整體來說有35%的受訪者認為進度會議是「浪費時間」。

這些關於會議的數據無疑讓人灰心喪志，我也得說每次我在培訓課程和主管交流，觀察到的情況和上述資料頗為一致。我常和學員一起做個活動，請他們全體一同回答我的問題，讓我了解他們的開會品質。我會說：「我想知道在你們開的會當中，稱不上善用時間的會議占多少比例。」接著說出不同的百分比，請他們在聽到符合自身經驗的百分比時拍手。無論我詢問的學員是來自南美、亞洲、歐洲還是北美，「浪費時間的會議占50～70%」幾乎一定會得到最多掌聲。

說完這些，其實也有些資料表明大家對開會的評價沒有那麼悽慘。電信公司 Verizon 調查超過一千名「重度開會者」，問及會議的生產力時，這些受訪者給的回答比上述數字更好看：

22% 認為他們開的會極有生產力
44% 認為他們開的會很有生產力
27% 認為他們開的會算有生產力
6% 認為他們開的會不太有生產力
1% 認為他們開的會毫無生產力

我在一項研究中調查超過一千名員工與主管，請受訪者評估自己的會議整體品質如何，結果與 Verizon 的調查挺接近：

17% 評價他們開的會非常好或絕佳
42% 評價他們開的會品質良好
25% 評價他們開的會不好也不壞
15% 評價他們開的會品質差勁或極差

那，什麼才是事實？

綜合來看，「事實」可能是以上所有數據加起來的平均值，換句話說就是對開會的評價整體而言偏向負面，其中偶有幾次頗有建樹的開會經驗（很可能是由於特定主管真的對主持會議很拿手）。然而，就算你完全支持以上偏向正面的會議數據，有兩件事依然顯而易見：一、開會還有不少改善空間；二、大家對開會有諸多不滿。與此相關的是，以開會為主題的研究都清楚指出了各種有待克服的問題（比如說會議被一、兩個人給主導）。話雖如此，你自身經歷過的事實才是最重要的事實──你所屬組織對開會的投資報酬率究竟是高是低，這才是真正要緊的事。為了協助你掌握所屬團隊、部門和組織的真實情況，我在這裡提供一份會議品質自我評估表。

自我評估：你是否做到把開會的投資報酬率最大化？

本書結尾收錄各種工具，幫助你更進一步掌握自身的開會體驗，最重要的是如何改善這些會議。其中一個工具叫做「會議品質評估：計算開會時間浪費指數」，需要你寫下特定的「負面事件」在會議中占多少比例，評估內容涵蓋以下項目：

1. 會議規劃
2. 會議本身：時間動態
3. 會議本身：人際動態
4. 會議本身：討論動態
5. 會議後

其後提供了計分標準，據此算出的百分比總平均即代表「浪費掉的會議投資成本」，換言之，這個總平均就是時間浪費指數。我根據和各個組織的合作經驗，歸納出解讀這個總平均的指引，如下：

●假如浪費掉的會議投資成本落在0～20%之間，表示你的會議相當有生產力，雖然尚有改善空間，但分數已經優於一般狀況。

● 假如浪費掉的會議投資成本落在21～40％之間，表示你的會議是好是壞往往要碰運氣，浪費的時間還不少。現況有待改善，不過教人哀傷的是，你的分數是我們在各個組織經常觀察到的典型狀況。

● 假如你浪費掉的會議投資成本超過41％，表示你的會議亟需改善。你的得分遠低於平均。

綜上所述，這些數據清楚表明世界各地許多人的日程都被開會填滿，甚至可以說我們整個職場生涯累計會有好幾年都在開會中度過。基於對開會品質的一般評價以及會議的投資報酬率，我們都該有強烈的動力去改善開會問題。下一章，我們將會鋪下前進的道路。

重點精華

1. 我們花在開會的時間持續增加，尤其是高階管理層的會議。雖然統計數字各有不同，但我們必須明白，會議占掉了員工大量的工作時間，而且比例不斷上升。

2. 把花在開會上的時間換算下來，對當今的公司而言，是極為龐大的開銷——從整個社會來看，有人估計總共要花一兆四千億美元的成本。算出來的這些成本還不包含機會成本跟員工的不滿，所以已經有所低估了。

3. 雖然有證據指出開會很浪費時間、對員工來說是負面體驗，但也有數據表明開會可以很有生產力、很有意義，這讓我們看見了確實解決開會問題的希望。

4. 花點時間完成本書附錄的會議品質自我評估表，衡量你開會的投資報酬率多高。務必每隔一段時間就重做一次自我評估（也請鼓勵同事這麼做），這樣可以確保你開的會有正面影響和保持生產力。記住，每一個人開會的方式都會形塑所屬組織的開會文化。

CHAPTER 2

／讓會議消失？不，用科學搞定會議

「火烤」（roast）這種形式的演出是以一個特定人物為題材大講笑話，把這個人當作笑柄來娛樂廣大的觀眾。不妨想像現在被火烤的對象不是一個人，而是一樣東西——也就是**開會**。要火烤開會這個概念並不難，借用諸如喬治・威爾（George Will）[2]等記者或作家、約翰・高伯瑞（John Kenneth Galbraith）[3]等經濟學家以及眾多匿名人士的言論，火烤的過程可能會是這樣：

「如果要用一個詞來解釋人類為何至今發揮不了完整的潛能，而且永遠

2 編註：一九四一年出生於美國伊利諾州香檳市，自由主義保守派作家和政治評論家，在一九七七年獲得普立茲獎。

3 編註：一九〇八～二〇〇六，加拿大裔美國經濟學家、外交官和知識分子，曾在哈佛大學擔任經濟學教授長達半個世紀。

不可能發揮，那個詞就是**開會**。」

「所謂的**開會**，就是記錄了會議卻虛度了生命。」

「我們會繼續開會下去，直到我們釐清為何什麼工作都沒完成為止。」

「如果我死了，希望我是死在員工會議上，這樣我從生到死的轉換一定不露痕跡。」

「我覺得恐龍會滅亡一定是因為牠們不知什麼時候起不再去覓食，然後開起了討論怎麼覓食的會議。」

「你要是什麼事都不想做，絕對要去開個會。」

「我們開會是為了討論許許多多我們少開一點會就不會發生的問題。」

「美式足球融合了美國社會最糟糕的兩個要素：暴力，中間開個幾場會。」

會議徹底消失的話，這個世界會更美好嗎？偉大的管理大師彼得．杜拉克（Peter Drucker）[4]曾言：「會議是組織效能不彰的症狀，開的會越少越好。」他這句話真的對嗎？答案是果決的「不」。解決問題的關鍵不在於大幅減少或杜絕會議（雖然有些時候減少會議既合情合理也很適當，前提是當次開會沒有重大目標要達成）。消除會議是個偽解方，要是工作時間表當中會議太少，可能代表員工、領導者、團隊與整個組織面臨極大的風險。本章將說明為何不建議徹底消滅會議以及相關的論據，接著我會解釋如果要根治大量的爛會議，為什麼運用開會的科學加以改善才是真正的解決之道。

人需要碰面，也需要滿足重大的需求

開會次數不足，很可能會使員工、主管、團隊和組織偏離軌道。要是舉辦的會議太少，員工將得不到必要的資訊，也會失去有所歸屬、受到支持、能夠發聲及融入群體的感受。會議有助員工培養對他人的情感連結，了解自己並不是獨自身處穀倉，而是一個大團體的一分子；會議讓每個出席者都能

4 編註：一九〇九～二〇〇五，奧地利出生的作家、管理顧問以及大學教授。他是第一位深入探討「管理」的學者，更是首位提出「目標管理」、「顧客導向」、「知識工作者」、「後資本主義社會」等原創概念的人，被譽為「現代管理學之父」。

用非常人性化的方式交流，用來建立關係和人際網絡，更重要的是取得支援；會議是有效匯集各種點子、想法、意見的管道，理應讓每個人把工作執行得更好、更相互協調、彼此配合；會議使主管和員工都更能掌握組織中的生活、挑戰、曖昧情況以及機會，建立共識，促進效率與團隊合作；會議能促使人致力於需要串聯不同職位的目標和計畫，並全心投入個別職責描述中沒有明言、更為宏大的部門和組織願景；會議把個別的人凝聚為一個群體，這個群體因此將更有適應能力、更具韌性、更有自主應變能力，尤其是在面臨危機的時候。

會議可以是領導者的舞台，供他們充分發揮領導力、分享願景、真誠表達自我、啟迪團隊以及與團隊互動交流。除此之外，會議也是一種體現小範圍民主的形式，透過員工的互動激發出各種點子和創新，就算是最微小的聲音也有機會受到傾聽，從而獲得生命與影響力。最重要的或許是，會議是促進共識凝聚的場所，因此是為整個群體維繫驅動力和能量的關鍵。

在許多方面，會議都是一個組織的基石和核心要素，是組織在員工、團隊與主管面前化為現實之處。最後，也別忘了人類天生就是社會動物，渴望交流與歸屬感，而不是孤立。舉例來說，我做過幾個研究，其中對員工提出了簡單的問題：「假如你可以設計一個理想的工作日，那會是什麼樣子？」在這些限定對象的反思型問卷調查中，受訪者一致主張要把開會納入工作日——實際上，他們甚至不想要沒有會議的工作日。

結合上述所有資訊，可以明顯看出徹底消除會議不過是個偽解方，該做的反而是想辦法讓會議更好。比起憑空揣想，善用開會的科學才能真正解決開會問題；科學證據可以打破爛會議的循環，避免由於爛會議滋生更多爛會議，導致成效不彰的運作方式最終變成整個組織的常態。

研究會議的科學方法概述

「開會科學」（meeting science）研究的對象是會議，涵蓋了開會前、中、後發生的事。這門科學不僅把會議視為影響個體、領導者和整個組織的重要職場現象，也視其為一種脈絡或場域，在其中研究各種群體、群體經歷的過程，以及群體的成功與否。和開會有關的研究多達數百個，探討的題目五花八門，包括會前溝通、遲到延宕、會議規劃、會議流程、決策、向心力、會議是否成功的預測因子等等。以會議為題的研究近十年來大幅增長，然而早在六十多年前就有學者做過關於團隊效能的研究，頗能與開會這個主題相呼應。開會科學有好幾種研究方法，包含田野調查、實驗室研究，還有安插實驗同謀者（confederate）的實驗觀察法。接下來會分享幾個範例來說明開會科學的不同研究方法，讓大家對於研究是怎麼進行的更有概念。這整本書都會用到以下（還有其他許多）研究的發現結果，讓讀者更了解開會的實踐情況。

田野調查研究

在我初期的開會研究當中，其中一個調查了將近一千位主管和非主管職受訪者橫跨美國、英國和澳洲。我們採取的田野調查方式分為當日問卷調查和一般問卷調查，請受訪者回答以下這個研究問題：「員工的工作態度如何受會議影響，此影響是否因個人、職務性質和開會性質而有所差異？」受訪者可以選擇：①填答一份當日問卷，根據自身當天的開會狀況和工作態度來作答；或是②填答一份一般問卷，依照自己的整體開會經驗和工作態度來作答。在這兩份問卷中，我們都會蒐集關於受訪者的人口統計資料和工作資訊。

田野調查研究也能持續蒐集一段時間的資料，我指導過一位博士生喬・艾倫（Joe Allen），如今他是會議領域的頂尖學者，他曾以三百一十九位在職成年人為對象執行縱貫性田野調查，也就是先在一個時間點觀察他們的主管如何開會，接著在另一個時間點觀察員工投入度，目的是解答這個問題：「主管帶領會議的方式，和員工對工作的整體投入度有何關聯？」員工的表現、創新甚至是顧客滿意度都與員工投入度有關，因此對組織來說，員工能投入工作是最理想的結果。

接下來兩個例子，是以會議為題目的實驗室對照研究。

實驗室／實驗研究

艾倫・布魯頓（Allen Bluedorn）[5]和他的同事針對站立會議做過一個有趣的實驗，站立會議是種比較新穎、頗為熱門的開會型態，要求員工在開會時

5 編註：美國密蘇里大學管理學榮譽教授。

不能坐下。研究團隊試著透過實驗室研究解答一個問題：「坐著開會和站著開會如何影響開會結果？」研究人員找來一些學生，在實驗情境當中分為五人一組，指派一個問題要他們解決。這些小組被隨機分配到兩種情境的其中一種，一是「圍在會議桌邊坐著開會」（五十六組），二是「站著開會」（五十五組），然後研究團隊分別對各組提出的解決方案打分數。為了解答研究問題，研究人員衡量了這些小組的表現，以及每組花在解決任務上的時間。

有的實驗研究會安插「實驗同謀者」，也就是讓一個人以受試者的身分加入，但不讓其他受試者知道這個人是研究團隊的一員。耶魯大學教授西格・巴爾薩德（Sigal Barsade）曾雇用一位實驗同謀者，研究主題是情緒感染（與會者之間的情緒狀態轉移情況），以及情緒感染如何影響關乎會議成敗的實際開會流程。這項研究探討的問題是：「個別參加者在開會時的心情與情緒，如何受到實驗同謀者的影響？若確實有情緒感染現象，情緒感染又如何影響團體合作、衝突與旁人眼中的工作表現？」實驗中，商學院大學生組成二十九個小組，每位受試者都要扮演一位系主任，參與無主持人帶領的小組討論，其中混入一名實驗同謀者。在整場會議中，實驗同謀者不是展現正面的情緒行為（例如開朗愉快），就是展現負面的情緒行為（例如惱火暴躁），由研究人員記錄這些情緒是否擴散開來，並評估小組表現。最後受試者在一份問卷中回報自己的感受，看看是否與實驗同謀者展現的行為相符。

想知道這些研究的結果嗎？繼續讀下去，答案會在後面揭曉。其實，本書處處都融入了開會科學帶來的洞見，終極目標是完全解放會議的潛力。前英特爾執行長安迪・葛洛夫（Andy Grove）就積極尋求讓會議更好的方法，他曾經寫道：「你不會容許員工偷走價值兩千美元的辦公室設備，你也不該容許任何人偷走主管的時間。」執行不善或不必要的會議正是偷時間，但這種偷竊是可以避免的。

重點精華

1. 儘管有證據顯示會議的數量不斷增加，而且爛會議為數不少，但完全不開會並不是妥善或可行的方法。會議能幫助員工相互交流、表達意見、解決問題與達成共識。

2. 與其根除會議，我們該做的是運用從開會科學獲得的知識改善會議。開會科學研究的不只是會議本身，也研究和會議有關的所有人事物。

3. 開會科學的研究有許多種形式，比如一般的一次性或當日問卷調查，或縱貫性的問卷調查，甚至是實驗室研究。這些研究方法各自不同卻彼此互補，能幫助研究者解答疑問，淬鍊出關於會議各個面向的知識。

PART 2

給主持人的實證應用策略

EVIDENCE-BASED
STRATEGIES FOR LEADERS

CHAPTER 3

／鏡中倒影八成是錯的

「自我覺察會給你從自身的錯誤與成功學習的能力，讓你持續成長。」

——賴利．包熙迪（Larry Bossidy），前 AlliedSignal 董事長兼執行長

「少了自我覺察，你是改變不了的。何必改變？在你眼中，你每件事都做得沒問題啊。」

——吉姆．惠特（Jim Whitt），作者兼 Purpose Unlimited 創辦人

許多強而有力的證據表明，我們並不擅長判斷自己在會議上的領導能力，意思就是我們容易對自身的能力評價過高。過度膨脹的自我認知會造成相當

大的盲點，阻礙我們發展主持會議的能力，使其進步、精益求精、達到極限。由於會議主持力必不可少，一旦能力受到誇大，會議出席者就成了受害者，承受主持方式缺乏成效的惡果。不僅如此，這種生產力不彰的做法還有可能變成整個組織的常態（「我們都是這樣做事的啊」），隨之擴散至其他主管和他們的會議上，影響新的會議主持人，最終鞏固組織的開會文化。換言之，我們絕不能忽視差勁的會議主持能力會連帶傳播給其他人的風險。

本章將說明我如何推論出人的自我認知與現實不一致，接著探討有什麼方法能讓我們正確掌握自身的會議能力，讓鏡中倒影與現實相符。最後，或許也是最重要的一點，本章將討論理想的鏡中倒影該有什麼模樣，那正是主持人應該致力看見的倒影。

人類對自我認知的偏誤

《草原伴侶》（A Prairie Home Companion）是一九七四年在明尼蘇達公共廣播（Minnesota Public Radio）開播的即時廣播節目，節目背景設定在虛構的小鎮「烏比岡湖」，故事中描述這座小鎮上「每個女人都很堅強，每個男人都很英俊，每個小孩都在水準之上。」」心理學教授大衛・邁爾斯（David Myers）據此創造了「烏比岡湖效應」一詞，指的是人類相當容易高估自己的知識、技巧、能力和人格特質比其他人優越。換句話說，多數人都會認為自己優於平均，但這在統計學上顯然是不可能的。

最早以這個效應為主題的研究是由美國大學委員會（College Board）執行，他們就是SAT測驗的出版社。美國大學委員會在SAT測驗附上一份研究問卷，請學生針對各項個人特質替自己評分，其中包括領導能力、跟他人相處融洽等特質，結果有70%的學生都評價自己的領導能力優於中位數。至於和他人融洽相處的能力，85%的學生自認優於中位數，多達25%的學生自認名列前1%！

面對這樣的數據，有些人會認定這又一次體現了青少年的心態多扭曲、多自戀，換作更務實明智的成人就不會有這種結果了。這個嘛，結論別下得太早。有份研究以內布拉斯加大學的教職員為對象，調查他們的教學能力，結果超過90%的人自評為優於平均，68%的人自認位居前25%。另一項研究計畫調查了受訪者認為自身駕駛技巧跟其他人相較之下如何，在行車安全這方面，美國的調查樣本中有88%的人自認水準位居前50%。近期有一份特別的研究以英格蘭的囚犯為對象，其中多數人都曾犯下傷害或強盜罪，受訪者需要評價自身的九種特質，例如善意、慷慨、自我控制、道德、守法等等，並回答自己跟其他囚犯與非囚犯的普通人比起來如何；看過上述幾項研究結果以後，你想必一點也不會意外，這群受訪者絕大多數都評價自身的所有特質均「優於一般囚犯」。不過最有趣的是，拿自己跟非囚犯的普通人比較的時候，這些犯人仍舊自認在各方面都比較優秀，只有一項例外：他們自評在守法這方面的水準跟非囚犯的人相同。也許有國外讀者會認為這個現象不適用於自己的國家，但其實像這樣的「優於常人偏誤」在許多國家的調查樣本都曾觀察到，包括德國、以色列、瑞典、日本和澳洲。

重新聚焦於會議主持力

目前尚無研究直接探討開會上的自我膨脹偏誤，但已經有不少證據勾勒出不那麼美好的現實。在我和同事的幾個研究中，我們發現會議主持人面對自己帶的會議，相當一致地給了比非主持人更高的評價，可見主持人的會議體驗跟其他與會者有根本上的差異，主持人顯然都覺得一切都順利得不得了。有其他研究幫助我們更深入了解這個現象，舉例來說，我和北京大學的童佳瑾（Sophie Tong）教授做過一項研究，發現會議的參與或涉入程度與對會議成效和滿意度的認知呈現正相關；換言之，要是你講了很多話，你比較有可能覺得當次會議體驗很好。好了，猜猜開會說最多話的人通常是誰？就是主持人。

最後再回顧第一章提及的 Verizon 電話調查，其中調查超過三千個開會人士，你大概猜得到有許多受訪者把自己召集的會議評為「極有生產力」或「非常有生產力」（79%）。相形之下，如果是同事召集的會議，對生產力的評價就低了不少，僅有56%的會議獲評「極有生產力」或「非常有生產力」。

綜上而言，比起其他與會者，會議主持人對會議體驗的觀感似乎過於良好，這種過度膨脹的樂觀到頭來會抹煞自我覺察的能力，也抹滅正確辨別自身有什麼成長需求的能力。因此本章才提出了這個立論：主持人在會議之鏡看見的倒影很可能是錯的。

企業組織協助主持人提升自我覺察的方法

通往開會啟蒙的道路需要多管齊下。在深入討論主持人本身能做些什麼之前，必須先明白組織可以藉由建立制度、推行措施，更大規模地提升主持人的自我覺察力（以及當責心態）。這些制度和措施有幾種不同的形式；首先，如果要培養自我覺察，需要給主持人有意義的開會技巧和主持相關訓練，畢竟倘若不曉得什麼才是傑出的開會表現，內心自然就缺少能夠與自身表現比較的基準。這種類型的訓練不可或缺，尤其是因為這個領域的知識甚少含括於學士程度的商學院課程、標準的ＭＢＡ學程或新人到職訓練中，數百萬進入職場的文理學院畢業生就更難接觸到了。安迪．葛洛夫可說是現代史上數一數二傑出的執行長，他大力提倡開會的重要，要求每位新進員工——每一位，不分職位高低都要——都必須上完英特爾針對有效開會所設的課程。他對這個理念投注強烈的熱忱，甚至親自教這堂課教了許多年。

促進自我覺察的第二個主要方法是提供回饋。公司每年的員工投入和心態調查一定要納入關於開會的題目，才能獲得主持人表現如何的相關數據，然而至今為止，我只遇過幾間財星五百強企業採用這個做法。這實在是匪夷所思的情況──像開會這種頻繁發生的組織活動，怎麼會不納入調查？少了這樣的內容，組織和（更重要的是）個別會議主持人都將對開會的成效一無所知，不會知道他們的會議是否真如他們自認的那麼好，也因此忽視員工提出的會議改善建議。

另一個可以讓主持人成長發展、培養當責心態的契機，是執行包含開會相關題目的三百六十度意見回饋問卷。三百六十度意見回饋可以向重要群體（例如主持人的同事、下屬和主管）蒐集匿名意見，彙總起來提供給主持人。企業組織通常會將三百六十度問卷外包給顧問公司執行，但我至今還沒遇過有顧問公司在問卷納入關於開會的任何內容。考量到開會所耗費的時間，這堪稱是給領導人才的成長發展工具當中最重大的疏漏。為了協助改善這些意見回饋流程，我在本書的「工具」附錄提供了參與度問卷與三百六十度意見回饋的題目範本。

綜合來說，談到向主持人提供開會的意見回饋、讓主持人對會議帶得不好負起責任，企業組織這方面的做法仍停留在黑暗時代。不過情況也不算是毫無希望，有些公司的會議評估流程依然有所創新，足以作為良好的典範。以塑身品牌 Weight Watchers 在紐約總部的措施為例，他們在會議室外安裝觸控平板，讓大家在剛開完會時匿名給予意見回饋，給回饋的方式頗為簡單，與會者只需用表情符號來評價剛開完的會議品質如何即可，滿分為五分。Weight Watchers 運用這些評分來判斷是否需要採取改善措施，最終也藉此評估措施是否有效。比方說，其中一個改善建議是安裝議程白板，安裝後對會議的不滿意度從44％降到了16％。不過，這種計畫最大的價值其實是在更加幽微之處；藉由採取這套會議評分法，並根據意見回饋加以改善，Weight Watchers 無形中營造了更加重視會議的文化。

如何主動養成自己的開會主持力？

每次和想讓開會更有效率的高階或基層主管合作，我都建議他們先從真正「看清」自己的會議開始。具體來說，只要認真細看，確實會有一些訊號供我們判斷會議主持力的好壞。

● 要是出席者整場會議都看著手機一心多用，對我們的主持能力有可能是負面指標。

● 要是出席者之間私下頻繁交談，那對我們的主持能力就是負面指標。

● 要是整場會議上大多是我們在說話，甚至只有我們在說話，那對我們的主持能力的確是負面指標。

● 要是一到兩位出席者主導了會議的討論，可能代表：我們排的議程不是跟每一位出席者都高度相關；我們沒營造出夠有安全感的環境，讓大家參與討論；或是我們沒有主動引導整個會議——這些對主持能力來說都不是正面的指標。

諸如此類的訊號都是一種回饋，假如找到這些指標，是時候考慮做些改變了。

撇開這個不正式的指標檢驗法，身為主持人，你的最佳做法是每隔三個月左右評估一次你的例會。這個評估應該要快速簡便，做成只有幾題的問卷發給所有出席者填答。以下是 RSC Bio Solutions 的一項評估以及他們蒐集的一部分回應結果，這間公司位於北卡羅萊納州的夏洛特，執行長每天和業務團隊開十五分鐘的會（他們稱之為「圍圈討論」），以期促進溝通和協調。幾個月後，他做了以下這個簡短的問卷來評估圍圈討論，我連同對結果的解說一起分享於此。

業務圍圈討論回顧問卷		
美國東部時間二〇一六年十月十八日上午 7:25		
第一題：整體而言，我們的業務圍圈討論對你來說多實用？		
回答	百分比	數量
非常實用	42.86%	3
中等實用	57.14%	4
還算實用	0.00%	0
有點實用	0.00%	0
不實用	0.00%	0
第二題：對於促進溝通、團隊合作與協調，你認為我們的業務圍圈討論整體而言多有效？		
回答	百分比	數量
非常有效	57.14%	4
中等有效	28.57%	2
還算有效	14.29%	1
有點有效	0.00%	0
完全不有效	0.00%	0

業務圍圈討論回顧問卷		
美國東部時間二〇一六年十月十八日上午 7:25		
第三題：整體而言，你覺得我們開業務圍圈討論是好事嗎？		
回答	百分比	數量
是	100.00%	7
否	0.00%	0
第四題：你認為業務圍圈討論哪些地方做得不錯？		
「跨單位溝通和掌握情況的成效很好，比以前更努力相互配合，也能督促採取行動。」		
「共同合作，整個業務團隊的溝通也更好。」		
「培養一定程度的責任感，也會提出在哪些方面團隊合作會有效。」		
「讓每個人都掌握進度，讓人感受到自己是團隊的一份子。會持續推動計畫進行。」		
「提高做事的急迫感。我見證圍圈討論促成了會議之外的合作，要是沒開這個會，那次合作根本不可能發生。大家能更快掌握重大事項，我們也因此消除了一些障礙。」		

業務圍圈討論回顧問卷

美國東部時間二〇一六年十月十八日上午 7:25

第五題：你認為我們在哪些方面可以做得更好／採取不同的方式，讓業務圍圈討論更有成效？

「持續提醒大家專注於討論關鍵事項和障礙，我們還是太常在瑣事上糾結。」

「一、每個人都必須全神貫注，在六十到九十秒內簡潔扼要完成每日報告，例如障礙、成功或進展、當日優先要務。這樣一來，就有時間提問／釐清、給予建議／訣竅，以及進行**簡短**但有益的討論。
二、從一天一次改成兩天開一次？」

「我發現每日討論讓我有點分心，我每天最有生產力的時間似乎就是早上。我建議試試一週開兩到三次，不要每天開，我想應該會有相同的成效。」

「少花點時間講每一件工作……多花點時間談更重大的議題和機會。希望大家可以分享更多收穫／成功／成就。」

執行長很高興圍圈討論頗獲好評、夥伴從中得到益處，但他也體認到還有改進空間。他沒有像一些人建議的那樣減少圍圈討論的頻率，反而想先試試看能不能透過調整開會方式提升品質。他注意到有幾則評論提到覺得開會單調沉悶，以及對話無法緊扣主題。為了解決這幾個問題，他額外擬了幾個圍圈討論的題目，打算嘗試每隔一段時間運用；他們也開始輪流主持圍圈討論，鼓勵每天的主持人嘗試新的討論題目來刺激活力、激盪出重要的洞見；其中幾次開會前，他提醒夥伴不要只是冗長地覆述日常工作，這個提醒有助於建立該有的期望。他們會在下一次評估看看這些改變有什麼效果，再決定圍圈討論的頻率是否有必要減少。

你可以調整這份問卷用在自己的會議上，或是使用一種非常基本的三題問卷，以「停止／開始／繼續」為框架：

1. 身為會議主持人，我在哪方面做得不夠好？（該停止的事）
2. 我該開始做哪些我目前沒有做的事？
3. 身為會議主持人，我在哪方面做得不錯？（該持續做的事）

這樣的問卷用匿名的線上問卷平台就能執行（例如免費的 Qualtrics 或 SurveyMonkey 帳號）。問卷上給受訪者的說明非常關鍵，以下提供範例：

我希望盡我所能做好會議主持人這個工作，讓這場會議有效率地運用時間。為了達成這些目標，我需要你們坦誠給予意見回饋。請盡量誠實地回答以下幾個問題，我會從回應中歸納幾個大主題跟大家報告，採取措施促進正向的改變，日後再進行一次調查看看是否有幫助。

這樣的說明能強化追求卓越、持續學習和相互包容的氛圍。請注意，我建議在說明中納入「向團隊回報調查結果」這一點，因為這個動作也十分重要。等大家做完問卷、你也蒐集完資料之後，請歸納最常出現的幾個主題，總結你往後打算採取的具體行動，把這些觀察在日後的會議上或透過電子郵件分享。

透過針對會議和開會主持能力執行有意義的評估，我們眼裡的鏡中倒影總有一天會跟現實重合。這就帶出了下一個重要的問題：我們致力於看見的鏡中倒影應該是什麼模樣？

你想看見什麼樣的倒影？

僕人型領導風格非常接近你該看見的倒影，也就是你應該期望成為的會議主持人。僕人型領袖藉著提升他人、幫助他人，為自身、旁人和整個組織帶來成功。這種類型的人視他人的需求為優先，致力於滿足這些需要，就更廣的層面來說則以協助他人成長為目標，藉此引導他人徹底發揮潛力和才能，也讓他們有充足的安全感能全心投入工作。如此一來，整個團體都能盡情揮灑才華，團隊和會議更有機會達成願景。讓整個團隊發揮潛能尤為關鍵，畢竟組織團隊、召集眾人的最大用意，往往就是想善用參與者的知識、技巧和能力。與此恰恰相反的領導風格則是以領袖為優先、自我中心，只抬舉領袖自身，致力於積累權力，再運用那份權力謀取自身的利益。僕人型領袖樂於分享權力，從他人的成長茁壯、整個組織的繁榮壯大獲得滿足感與成就感。

放眼世界，許多頂尖企業組織的價值理念和發展過程都與這種領導風格密不

/

可分，像 SAS、The Container Store、Whole Foods、Zappos 跟星巴克都把僕人型領導視為主要的領導典範。

賓州大學華頓商學院的教授亞當．格蘭特（Adam Grant）曾在著作《給予》（Give and Take）中提及一些研究，其中的現象與所謂的僕人型領導相當吻合。格蘭特提出，員工每天據以決定是否採取行動的思考邏輯可分為「給予」或「索取」。跟「索取者」不同的是，「給予者」會主動協助他人及分享所知，但他們給予並不是為了藉由交換條件獲取回報，純粹只是因為這麼做是「對的」。研究發現，如果一個組織的員工之間把「給予」視為常態，組織的業務在獲利、生產力、效益、員工滿意度跟顧客滿意度等方面都會有穩健良好的成果。問題就在如何應用關於僕人型領導和給予者心態的知識，舉行有效的會議。

一個具備僕人和給予者心態的主持人，會明白自己肩負獨特的責任：讓花在開這場會的時間值得。開會不是為了讓主持人自己覺得會議很有價值，而是為了更廣泛地創造價值。這樣的主持人會明白，身為主持人的自己必須徹底為他人的開會體驗負責；他們會把開會的規劃和執行審慎地全盤思考一遍，絕不輕率地「放手去做」，而是會籌劃和設想他們要編排的會議體驗。

這樣的規劃可能只會花幾分鐘，但他會認真在會議前琢磨議程、目標、討論主題的次序、可能發生的問題、團體互動、想嘗試的實用策略，更進一步來說，也包含營造夠有安全感的環境，容許他人分享真誠的意見、疑慮和回饋。

我來舉例說明這種心態可能會如何展現為行動。以下是真實案例：一位備受敬重的主持人暗自替自己設下一個規則，每當討論或決策會議中的同仁傾向交給他做決定，他只允許自己說一、兩句意見，如果可以最好先什麼都不說，直到出席者展開討論為止。這麼做是為了確保出席者的思維能夠成長，同時避免他的意見過早影響討論的走向。這個規則看似簡單，卻有非常深遠的影響。對，這的確是頗為極端的做法，也不見得每次都可行，所以這位僕人型主持人只會在情況適合時運用這個技巧，然而這樣的僕人型領袖做法可以激發豐富、有趣、包容、跳脫預期的對話。整體來說，這一型主持人關注的是整個會議的互動模式，全神貫注創造良好的會議體驗，而不是自我拉抬、自我宣傳。說到底，密切留意和管控團隊互動本來就是主持人的職責，因為由其他人跳出來攬下這種任務並非常態，所以旁人很難插手。

以下列出幾種符合僕人型領導特徵的會議主持行為。這裡只略舉幾項當作範例，完整清單請參見本書結尾「工具」附錄的「良好會議主持行為檢查表」。

時間管理

- 根據議程的大方向，有效掌握開會的時間與節奏。
- 遇到確實需要討論的突發議題，不會草草帶過；能夠判斷所提出的議題是否比較適合在後續的會議上討論。
- 推動對話持續進行（例如察覺對話已經離題，拉回需要討論的主軸）。

積極傾聽

- 持續釐清和總結討論的進展，彙整大家的想法，讓每個人都了解過程和當下討論的主題。
- 仔細傾聽隱含的疑慮，協助提出這些問題，讓大家能有建設性地處理它們。
- 持續與負責會議紀錄的人確認，確保各項議題、行動、重點毫無遺漏地記錄下來。和出席者確認紀錄內容都正確無誤。

衝突管理

- 鼓勵大家針對點子相互交鋒（例如：「大家對這個點子有什麼疑慮嗎？」），然後積極接納和管理意見上的衝突，確保為工作表現和決策帶來益處。
- 維護大家能夠放心提出異議的環境（例如：感謝大家分享多樣的觀點），歡迎大家辯論。
- 遇到有失尊重的行為時，要迅速處理，把討論重新拉回正軌，提醒大家保持建設性，也提醒出席者記得遵守開會的基本規則。

確保主動參與

- 主動引導他人表達看法。記住有誰想發表想法，稍後回頭讓他們發言。
- 運用肢體語言（比如用不明顯的微小手勢示意對方需要收尾）以及轉折句（像是「謝謝你的想法」），避免單一出席者主導整個對話。
- 在同仁開始分心時加以約束，避免私下的聊天越演越烈。

推動共識

- 測試參加者是否相互贊成或有所共識，藉此掌握會議的進展，但不要在沒必要的情況下過度向他人施壓，強迫他們在沒有準備好的時候做出結論（除非事出緊急）。
- 明白何時該果決地出手介入會議流程加以引導（例如討論失焦，每個人都搶著講話），何時該放手讓會議自由發展。
- 坦誠地協調正在進行的對話，不會特別看重自己的觀點或點子，致力於保持公正，清楚表達自己的看法也只是需要討論的一種意見。

雖然這些主持技巧合乎僕人型領導風格，無疑也能幫助會議成功，**但主持人依舊免不了該在必要時採取直接、果決的手段，主動推進討論**。實際上，跳進混亂的局面控制住會議可能正是主持人該做的事；也有可能主持人剛好就是會議主題的專家，必須堅持自己的主張才能帶來成功。不過，這些舉動如果搭配僕人和給予者的做法，出席者會覺得主持人更真誠，也感受到主持人前所未有的包容與支持。

整體來說，僕人和給予者型的主持人會為妥善運用他人的時間而自豪，深知這條路最終能引領他們走向自身的成功、他人的成功與組織的成功——這就是給予者心態，就是僕人型領袖心態，就是你該看見的鏡中倒影，而且終將帶你找到自身的幸福。這麼說是因為關於給予行為的研究指出，要預測一個人的生活滿意度，最有力的一項指標就是幫助他人。

作家威廉・亞瑟・華德（William Arthur Ward）[6]有一段精采的名言，精準傳達了這個概念：

人生的冒險在於學習；人生的目標在於成長；人生的本質在於改變；人生的挑戰在於克服；人生的精華在於關懷；人生的機會在於服務；人生的祕密在於勇敢；人生的樂趣在於交友；人生的美好在於給予。

6 編註：一九二一～一九九四，美國勵志作家，曾寫出四千多句箴言或正面的格言。他的名言被廣泛刊登在海報、賀卡和日記上，並出現在商業廣告中。

總結

這一章探討了為何某些司空見慣的會議主持方式不是最理想的，最值得注意的是主持人對自身技巧的認知可能過度膨脹和誇大，其實主持人往往沒有自以為的那麼精通開會技巧。由於對會議和主持人的評估不夠完善，這個問題大多受到了忽視。Green Peak Partners 和康乃爾大學工業與勞動關係學院做過一項關於主管成功與否的研究，對象是七十二位任職於公開發行公司和私人公司的高階主管，結論是判斷一個主管整體是否成功的時候，擁有高度自我覺察是極為準確的預測指標。高自我覺察的人能僱用到更適合的下屬，更重要的是能夠善用身邊的人才。本章的工具可以促進你的自我覺察，配合訓練、正確的心態、反覆試錯與更多回饋，你和團隊的合作與主持會議的能力都將改善。

重點精華

1. 請認清你可能不如自認的那麼擅長主持會議，接納這個事實。研究證實我們容易高估自身的能力，接受現實是提升自我覺察力與採取改善之道的關鍵。

2. 有鑑於我們可能高估自身能力，請好好衡量你的會議主持力。開會時，其他人有什麼行為表現？有人私下聊天嗎？有人盯著手機看嗎？你試過發簡短的問卷請大家填答嗎？諸如此類的資料能夠提升你的自我覺察，讓你更準確地掌握情況，而不是只仰賴自身的認知。

3. 把加強會議主持力列為整個組織的優先事項。第一步就是建議將開會納入給主管的三百六十度意見回饋問卷，以及在每年的員工投入度調查追加關於開會的項目。不要企圖靠自己一個人推行這些改善措施，應該讓這件事成為每個人關注的焦點，這樣才能在整個組織創造正向的改變。

4. 試著採取僕人型領導風格和給予者心態，讓每個人在會議徹底發揮潛能，也培養員工的認同感。無論在會議上或會議外，僕人型領導最終都會為你帶來好處。

CHAPTER 4

／開四十八分鐘的會

社會上有許多文化常規，約束了我們怎麼思考、怎麼說話、怎麼做事、怎麼與他人互動，甚至是怎麼教養孩子。以牙仙子的故事為例，很多文化沒有這樣的概念；在法國、西班牙和哥倫比亞，牙仙子被替換成一隻老鼠；在希臘，為了祈求好運跟長出強壯的牙齒，小孩不是把牙齒放在枕頭下，而是要丟到屋頂上；在土耳其，父母要把牙齒埋在有意義或與未來期許有關的地點，比方說要是父母期望孩子以後當教授，就要把牙齒埋在大學附近；在俄國，孩子通常會把脫落的牙齒放進老鼠洞，老鼠會給小孩一顆強壯的牙齒當作交換；在馬來西亞，小孩會把乳齒埋起來，因為他們相信牙齒是身體的一部分，理應回歸大地。在探究這些各式各樣的傳統時，不難發現在某個國家數百萬人習以為常的現狀到了其他地方可能會變成奇事，甚至被認定根本詭異至極。

在組織的運作方式上，尤其是開會，也有幾個例子能體現文化多樣性。舉例來說，在中東和中南美洲，會議延遲將近一個小時才開始並不稀奇。或者以會議的時間長度來說，職場上的會議絕大多數都開一小時整。想想看：儘管各個會議的目標、範疇、歷史、溝通形式、參加人數都大不相同，卻往往都開剛好一個小時，而且這種六十分鐘的會議早就成了文化常規，持續數十年之久。事實上，這個常規廣獲大眾接受，就連 Microsoft Outlook 這類行事曆軟體問世之際，都把六十分鐘設為安排會議的預設單位——常規促使軟體以此作為預設單位，軟體預設單位又反過來強化這個常規。本章探問關於會議長度的概念、為何六十分鐘的常規反而可能阻礙生產力，以及這種標準會議長度以外的替代做法。也就是說，我提出一系列實用的建議，以便破除帕金森定律（Parkinson's law）的負面影響。

有時間，來填滿

一九五五年，《經濟學人》刊登了一篇幽默的文章，題為〈帕金森定律〉，第一段如此寫道：

有個普遍的現象是，要做的事會隨著能用來把它做完的時間長度而膨脹。因此，一位閒來無事的老太太光是寫張明信片寄給在博格諾禮吉斯的姪女，就可以花上一整天：一個小時找明信片，一個小時找老花眼鏡，半個小時找地址，一個小時又十五分鐘寫明信片，二十分鐘猶豫是否該帶著傘走去下一條街的郵筒。一個大忙人總共只需要三分鐘就能搞定的事，可能會讓另一個人糾結懷疑、焦慮煎熬整整一天，鬧得筋疲力竭。

這種「工作會自我膨脹來填補空白時間」的概念激發了不少研究，大部分都提供了佐證這個理論的實際證據。

許多族群都有符合帕金森定律的記載，在一份經典研究裡，管理學者茱蒂絲・布萊恩（Judith Bryan）和愛德・洛克（Ed Locke）做了一個實驗，找來大學生解非常簡單的算術問題，每個人的題目都相同。聽起來很容易，不過接下來才是關鍵：有的受試者被分到「有過量解題時間」的實驗情境，其餘受試者只有「剛剛好」的時間可以解題。結果揭曉，在過量時間情境中的受試者解題明顯久很多——看來學生由於得到比所需更充足的時間，反而耗費較少的心力在解題上，也較缺乏該盡快完成任務的緊迫感，這個情況完全體現了帕金森定律！以其他族群為對象的研究也有類似的發現，例如紙漿廠工人和美國太空總署的科學家。

帕金森定律也體現於跟時間無關的層面。《刑事司法期刊》（Journal of Criminal Justice）曾刊登一個有趣的研究，探討監獄收容量跟關押人數的關係，發現佛羅里達州橘郡的監獄收容量大幅增加後，每日關押人數便隨之增加，遠超過從警務和既有在監人數來看該有的幅度。換句話說，只要有空間，我們就會把它填滿，人類似乎總會有意或無意地填補空洞。這個原理也適用於會議，假如排了六十分鐘的時間開會，這場會議通常就會用完六十分鐘。替美聯社畫了五十二年漫畫的約翰．莫里斯（John Morris）曾精闢地描繪這個現象：一篇刊載於報上的漫畫中，有張會議桌邊坐滿眼神空洞的與會者，會議主持人則嚷道：「我們還不可以下決定——這個會只開了三十分鐘啊！」

一個會議通常會膨脹到把排定的時間給填滿，這點其實能為我們帶來良機。想想看，只要精簡、整頓行事曆，可以替自己和同事找回多少時間？接下來，這一章會談談更有效估量開會時間的方式，讓會議的長度不僅適合手邊待解決的事務，又能創造合理的壓力，激勵參加會議的人完成挑戰；最後我會舉出幾個範例，探討公司如何超高速開會，又不至於犧牲成效。縮短會議長度最終不但能把時間還給出席者，也能創造正面的壓力，提升出席者的專注力與興趣。

充分考量，縮短開會時間

IBM創辦人約翰．華生（John Watson）在公司辦公室各處貼了一個簡單的標語：「思考。」這個大原則看似簡單，對主管來說卻有無窮的應用之道。其中一種應用就是判斷會議長度——要達成特定的會議目標，確切需要多久？會議主持人應該花點時間思考，根據幾個關鍵因素做出妥善的決定，包括會議目標的性質、受邀參加會議的人（這部分將在下一章討論），以及對過往會議的分析。主持人偶爾也可以徵求他人的意見，並審慎地運用這些回饋，這麼做有助於爭取出席者對時間限制的認同。考慮過這些變數之後，可以大膽地抓一個不是整數的開會時間，比方說只要合乎需求，開個四十八分鐘的會也無妨。不是整數或整點的時間會格外令人注意，勾起好奇心，說不定還有點好玩。舉例來說，問卷調查公司 TINYpulse 是每天上午八點四十八分開員工會議，旁人聽了這個特別的做法經常詫異地眉毛一揚，不過卻有個附帶的好處是：TINYpulse 表示這些早會幾乎沒人遲到。

估算出恰當的時間後，請考慮縮短5％到10％，一點點時間壓力通常對開會有好處。在心理學研究中廣獲

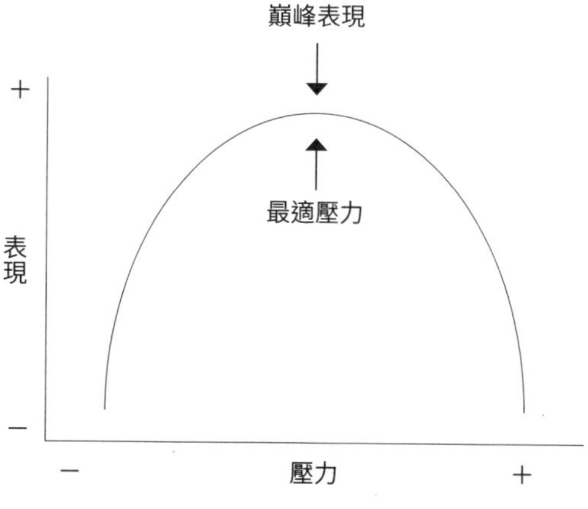

佐證的葉杜二氏法則（Yerkes-Dodson law）描繪了壓力和工作表現之間的關係，呈現倒U形的圖像。

也就是說，存在一定程度的壓力時表現會最理想，完全沒有壓力或壓力過大時表現則最差，無論是工作或運動領域、不分個人或團隊表現，研究都發現了這樣的行為模式。因此，如果把你慎重估算出來的時間縮短5%到10%，有機會增添一些健康的壓力，激發對工作的專注、動力、活力與投入度。如果你通常開六十分鐘的會，而且判斷可行的話，可以試著把時間縮短為五十分鐘；如果你通常開三十分鐘的會，就縮減為二十五分鐘。這對抵銷一部分帕金森定律的負面作用有明顯的成效，加上能節省時間，所有出席者加起來就會有更大的效益。最後，稍微縮短開會長度還有一個附帶的好處，就是有助於會議之間的趕場。

如第一章所說，連續開好幾場會議並不稀奇，但倘若沒有任何時間給人趕場，開會就更有可能耽擱。我和同事做過好幾個關於開會延遲的研究，發現大約有50%的會議延後開始，一旦開會有所耽誤，沒遲到的人往往相當惱火，最令人擔憂的是這種不滿看來會波及會議本身。舉例來說，我們觀察到會議耽擱十分鐘才開始的時候，出席者不只心有不滿，也更有可能在開會時打斷彼此說話。綜上所述，延後開始的會議品質較差、較少新點子跟好想法，這點也就不奇怪了。

把會議長度縮減五到十分鐘能給人緩衝時間，也能減少往後開會延誤的狀況。緩衝時間在校園中相當常見，至於職場上的緩衝時間或許可以說是 Google 率先引領風潮，起碼 Google 對於這種措施的普及發揮不少作用。Google 創辦人兼前執行長賴利．佩吉（Larry Page）二〇一一年四月重返公司，他在早期寫給員工的信中，便曾提出一小時的會議之間必須預留休息時間給人上洗手間，從而促成了我在前文提及的五十／二十五分鐘法則：一小時的會議縮減到五十分鐘，三十分鐘的會議則縮減為二十五分鐘。從那以後，各領域的許多公司都採用了這個規則。我曾訪問一位 PricewaterhouseCoopers（PwC）員工，她告訴我這間公司推動了一個「Google 化計畫」（PwC has gone Google）。「『開會開五十分鐘就好』的態度確實越來越常見。」她這麼說，接著又說道：「另外要是會已經開了五十分鐘但我有另一個會要參加或準備，我個人覺得自己有正當的理由離開會議，其他人也會這樣做。」

如果你有興趣探索這個策略，這裡有幾個好消息：多虧Google，不在Google工作的人也比較容易開更快速的會議了。現在使用Google日曆應用程式時，你可以在設定頁面直接變更預設的會議長度。在設定有個「縮短開會時間」的選項，底下寫著說明：「促進開會效率，讓你準時參加下一個會議。」這開啟功能後，新的會議邀請就會預設為以二十五分鐘或五十分鐘為單位。這個排程方式的確能提升開會速度，但除此之外，我也很高興越來越多組織採納了一個新概念：超高速會議。

超高速會議

另一個主持人可以考慮使用的工具是十到十五分鐘的會議，這類型會議在高風險的工作環境頗為常見，比如說軍隊、緊急救難領域（像是消防部門）、醫院。這些環境經常利用簡短的會議來彙報，或是主動檢討事件及意外的發生（例如什麼做法有效或無效、為什麼）。關於這幾種會議的研究都有強力的證據表明，這些會議能夠增進個人與團隊的未來表現、促進出席者的安全行為。配合有效的主持方式與聚焦的議程，簡短會議可以發揮極其正面的效果，此外這種簡短會議也切合關於人類注意力持續時間有限和疲勞的研究。

簡短的會議正快速風行越來越多公司，國際科技公司 Percolate 預設的會議長度是十五分鐘，雖然還是可以調長或調短，但一般的會議都盡力控制在十五分鐘內。與此類似，曾任 Google 資深高階主管和 Yahoo 總裁兼執行長的瑪麗莎・梅爾（Marissa Mayer）出了名地喜歡開短會，她會劃出大大的時間區塊，每個區塊都塞滿了十分鐘的開會時段。雖然這讓她經常得一週開七十個會，卻使她可以非常有效地回應員工需求，要在她的行事曆插進一場會議容易許多，這也有助各項專案跟計畫持續推進，不造成任何延宕。她還表示，由於把會議時間限制在十分鐘，員工會準備好極為聚焦的精實議程來開會，更容易促進成功。而我想介紹的最後一種會議同樣具備「高度聚焦」和「簡短」的特徵，那就是圍圈討論（huddle）。

圍圈討論在運動領域非常普遍，可能進行於賽前或賽後，可以事先安排也可以臨時發起。我們在第三章談過 RSC Bio Solutions 的做法，他們就是用

「圍圈討論」的形式召集整個團隊，來擬定策略、商議、監督、激勵或慶祝。從Apple、戴爾到Zappos、麗思卡爾頓酒店、Capital One，如今有許多公司採用圍圈討論的概念，連歐巴馬總統時期的白宮也不例外。運作上，商務領域的圍圈討論通常有以下特徵：

- 長度為十到十五分鐘
- 每天（或每兩天）同一時間舉行
- 準時開始及結束
- 在早晨進行
- 在同一個地點進行
- 由相同人員參與
- 必須每一場都出席，無法到現場就遠距參與
- 可以的話會站著進行

雖然主持人（或其他負責協助帶討論的出席者）可以配合組織和團隊的

需要調整圍圈討論，不過討論中經常運用以下幾個類別的問題：

已經發生的事與任何重要成就	即將發生的事
● 你昨天辦到了什麼？ ● 你昨天完成了什麼？ ● 你或團隊有任何重要成就可以分享嗎？ ● 有任何關於客戶的重要進展嗎？	● 你今天要做什麼？ ● 你今天的優先要務是什麼？ ● 你今天預計完成的事情當中，最重要的是什麼？ ● 你今天或本週的三個優先要務是什麼？
關鍵指標	**障礙**
● 我們在公司最重要的三個指標上表現如何？ ● 我們在團隊最重要的三個指標上表現如何？	● 什麼障礙讓你的進度停滯不前？ ● 你是否正面臨任何瓶頸？ ● 有什麼障礙是團隊可以幫忙的嗎？ ● 有任何事情拖慢你的進展嗎？

你也可以根據突發的優先事務與需求來調整問題。舉例來說，我合作過的一間公司想促成更多跨部門的團隊合作，為了達成這項目標，他們安排每週開一次圍圈討論，討論分成幾個不同形式，例如出席者可以討論什麼工作流程可能有礙團隊合作之類的障礙；也可以聚焦於正面的事情，請出席者舉出自己受到幫助、展現團隊合作的例子；或者，出席者可以具體提出自己臨時需要幫助的地方。這個組織結合上述種種做法成功強化了正在推行的計畫，還能監控進度。

執行圍圈討論時，所有出席者都要迅速回答主持人詢問的每個問題（當然，在有合理原因時例外）。會議主持人應該清楚告知出席者，為求效率，每個員工的回答都應簡潔扼要。此外主持人也務必強調，圍圈討論的意義不在於報告給主持人聽（這個概念可以透過輪流擔任主持人來強化）；相反的，圍圈討論的用意是讓團隊成員相互溝通，一同合作、一同學習，找出支援彼此的方式。與此相關的是，由於圍圈討論時間緊湊，大家必須了解圍圈討論的重點通常在於提供一個契機，讓團隊成員在會議外可以繼續對話。雖然出席者之間在圍圈討論上就可以快速提出建議和指引，但假如有議題牽涉到好幾個出席者，他們在會後仍然可以持續討論，事實證明，前往圍圈討論以及離開的路上往往是溝通交流的大好機會。或者說，假如那是牽涉到大部分出席者的重大議題，也可以拉出來另開一個會議。

Inc. 雜誌在二〇〇七年曾發行一個很不錯的特刊，名叫《圍圈討論的藝術》（The Art of the Huddle），重點描述了多位主管運用圍圈討論的方式，以下分享幾個雜誌上所說的範例。

Bishop-Wisecarver，年營收兩千萬美元的機械零件製造商

此公司開始採行圍圈討論，是為了促進每個處於「穀倉」狀態的員工之間與部門之間的溝通，因為員工彼此的交流不足。執行長表示，大家習慣在圍圈討論分享資訊之後，團隊合作的情況大幅提升。她指出公司因此數度免於陷入混亂，因為各個主管在得知其他部門的問題和挑戰以後，主動進行調整和提供協助。

Advanced Facilities Services，年營收一千萬美元的物業管理公司

執行長展開和管理高層的圍圈討論，幫助所有人專注在長期的策略問題，每個主管都要在一分鐘內說明自己預計怎麼達成季度與年度目標、前一天的進展，以及當下面臨的困難。這些對話不僅推動團隊持續前進，執行長也能藉此確認是否有人偏離軌道或產生誤解。

整體而言，圍圈討論會讓大家更團結、促進協調合作、迅速取得需要的資訊、解決問題、增強責任感、找出盲點、讓整個團隊聚焦、促成行動、使溝通更良好、加深對目標的理解，以及促使出席者協助彼此取得成功。

簡短會議的幾個注意事項

大家對每日圍圈討論經常有個擔憂，就是怕員工忙得無法參與（比如說抽不出時間每天開這樣的會）。我非常了解這樣的擔心從何而來：如果你已

經被工作給淹沒了，擠出時間頻繁開會真的非常艱難。然而，根據我在企業組織推行圍圈討論並透過數據檢視開會成效的經驗，只要投資少許的時間在圍圈討論上，就能獲得龐大的報酬。透過改善團隊成員之間的合作和溝通，圍圈討論到頭來反而能節省時間，因為打掉重來的狀況變少、團隊合作變多、支援變多、也比較沒有溝通不良的問題需要解決。話雖如此，但推行這樣的會議有兩個重大的危險要小心提防。

第一個危險是花更多時間開會。短會議是用來取代比較長的會議，也就是說，目的是藉著頻繁舉行有效的圍圈討論，停掉幾個長時間會議。只要遵守這個前提，倘若圍圈討論中出現了新的議題，或是有些事項沒徹底討論完，安排額外開會絕對是可以接受的，也並無不當。我知道有間公司採取了他們稱為「特別時間」的措施，基本上是讓團隊隔週預留一個開會時段（比如隔每兩週的週一早上十點），無論如何都不能被其他事務占用，萬一圍圈討論中出現有必要詳加商討的重要議題（像是製造上的關鍵難題），所有團隊成員都能運用這段時間繼續討論。這麼一來，圍圈討論就不至於超過排定的結束時間，這也就帶到了第二個危險。

第二個該避免的重大危險是不遵守短會議的時間。圍圈討論超時結束是非常嚴重的問題，我們的研究指出，延後結束帶給出席者的不良後果其實可能更甚於延後開始，排在會議後的活動不但都會受到負面影響，也等於破壞了跟出席者心照不宣的時間約定。打破這個「約定」會令出席者心生壓力、不滿和憤怒，不光會影響他們自身，也連帶波及他們和別人的互動，但準時結束會議即可化解這些問題。除了這個好處，有硬性結束時間的簡短會議能增加急迫感，從而減少無意義的冗言贅語和缺乏生產力、偏離主題的討論。

有些公司嚴格落實準時結束的規定。Google經常在牆上掛一個大計時器，顯示某個會議或主題的剩餘討論時間，十分顯眼，讓每個人都看得見並掌握還剩多久；設計與產品研發商 O3 World 運用自行開發的一種技術避免會議超時，名叫「會議室機器人」（Roombot），會在快結束時警告出席者，還會開始把燈光調暗。當然，有些手段即便沒那麼先進也能有效避免會議失控，許多公司會採取比較幽默的方式讓會議準時結束。在 Tripping.com，只要開會沒有準時收尾，會議主持人就必須投錢到罐子裡，當成請團隊喝啤酒的經費。Buddytruk 這間公司更極端，萬一開會超時，最後一個講話的人要做五十下伏地挺身。這些公司顯然都明白準時結束會議的好處，也了解獲得出席者的認同多重要。

本書結尾提供「團圈討論執行檢查表」這項工具，協助你展開團圈討論。

把短會議加入開會工具組的最後一個理由

如前所述，善用時間較短的會議有很多理由。要是你還是沒被說服，不如為了健康來開短會議吧——雖然邏輯上有些跳躍，不過這多少是事實。美國勞倫斯柏克萊國家實驗室（Lawrence Berkeley National Laboratory）曾為美國能源部執行關於開會空間的研究，結果不怎麼讓人驚訝：在會議室這種密閉空間，二氧化碳的濃度會隨著大家的吐氣而上升。研究人員發現，長時間處於二氧化碳中會讓整個開會過程越來越缺乏建設性，例如更少採取主動和策略思考。雖說研究表示這些負面作用要過兩個半小時才會開始發揮，但假如你想要一個縮短開會時間的生理學理由，這就是了。

在這一章的最後，我想借用史蒂夫・賈伯斯（Steve Jobs）的一番話當作最後一個建議，這也是我篤信的道理——無論會議長短，主持人一旦遇到以下兩種狀況，儘管大膽地提前結束開會：第一，當開會目標看來已經達成，就不必想方設法把會議拖長；第二，出席者看來不斷原地踏步，毫無生產力。假如情況屬於後者，有時候直接喊停等日後重整旗鼓，或是改用另一種溝通媒介（像是電子郵件），反而能挽救頹勢，化為勝利。

重點精華

1. 根據帕金森定律，工作會自我膨脹把排好的時間給填滿。安排會議時請謹記這個現象，花點時間慎思會議長度，把目標、議程、出席者等因素都納入考量。或許甚至可以考慮非傳統的長度或開始時間，比如說開四十八分鐘的會議，突破框架。
2. 考慮把例會縮短五到十分鐘，要是本來都開三十或六十分鐘，試著改成二十五或五十分鐘。這樣做不僅會創造一些壓力（研究證明能促使出席者更有效率），還能減少開會延誤的狀況，也讓人可以在會與會之間休息。

3. 考慮每天或每週開一次短會議或圍圈討論。這種十到十五分鐘的會議要有焦點明確的議程、供出席者簡短扼要地多加交流，並運用本章提及的關鍵問題有效主持。

4. 雖然簡短的會議或圍圈討論可以很高效，但務必把兩件事謹記在心：①某些突發議題可能需要拉出圍圈討論，專門另開一個會；②這種快速會議務必準時開始和結束，才能獲得最大的成效和最高的出席者滿意度。

CHAPTER 5

／別過度依賴議程

綜觀歷史，處處都能找到一種旅行「商人」的案例，他們前往城鎮販賣號稱能迅速解決問題的靈丹妙藥與各種物品，無論是健康、愛情、財富、敵人，甚至連惡老闆都能搞定。這種商人的生意相當好，顧客總是深受能馬上解決複雜問題的救急偏方所吸引，畢竟使用救急偏方不必深入思考、周詳分析或細緻考量，做起來也費不了太多力氣。然而，偏方的另一個特徵就是很少真的有效。許多報章雜誌聲稱可以幫助你改善你所屬組織的會議，但這類文章往往有個共通點：他們主張「一定要」準備議程，只要準備了就能解決任何問題。不幸的是，過度依賴議程正是一種救急偏方，而且這個偏方還產生不了多少作用。

我們很難找到有哪本談開會的商管書不是開篇就強調議程的重要，但關於議程的研究反倒對議程評價普普。我成為學者後不久發表過兩篇研究，探討規劃會議的最佳方式，在這兩個研究裡面，都難以單從主持人是否擬議程看出參加者對會議成效的觀感如何；更讓人悲觀的是有其他研究者發現，出席者對會議品質的評價跟是否擬議程沒有正相關，綜合來看，結論是單有議程對改善會議沒有多大幫助。不僅如此，有的議程還會反覆使用。二〇〇三年，Marakon Associates 和《經濟學人》智庫研究全球各地一百九十七間公司的高層主管，受訪者都來自銷售額至少五億的大規模企業，結果發現在其中一半的公司裡頭，管理高層要不是每次開會都用一模一樣的議程，就是臨時才把議程趕擬出來。回顧我自身和客戶合作的經驗，一個部門每次開會都只把議程左上角的日期改掉是常有的事。

接下來，這一章會談談如何避開相當普遍的議程陷阱。我將說明該怎麼從幾個角度有策略地切入，逐步擬定議程，包括加入目標和決策重點、如何安排順序、如何讓他人參與擬議程、直接負責人（directly responsible individual）的概念，還有其他跟擬議程有關的重要主題。本章的終極目標是跳脫「有議程就好」的心態，進一步打造真的能創造改變的議程——這樣的議程恪守班傑明．富蘭克林（Benjamin Franklin）[7]充滿智慧的人生箴言：「失敗的準備，等於準備迎來失敗。」

籌備會議

議程就等於活動計畫。規劃活動時，我們會仔細考慮細節、流程、體驗和做法，同樣的心態跟過程也該應用在規劃會議上。其實把會議視為一場活動一點也不過分，從出席者的時間和薪水來說，開一次會要耗費一千到三千美金不等的成本並不稀奇，這種規模在很多人眼中應該都是開銷頗為龐大的活動，值得周全的籌備。與此相關的是，身為會議主持人的你肩負特殊任務，需要為他人的時間和體驗負責。我們絕不會毫無準備地參加客戶的會議，不會毫無計畫地替別人開工作坊，開會也該抱持同樣的態度。就算只是幾分鐘的會，也要像準備客戶的活動那樣準備公司內部的會議，第一步就是仔細想想該真正做到什麼才能使會議成功。

假如解決問題需要某些人的實質交流和投入，這種時候就需要召開會議。會議當然可以有「告知最新進展」的元素（這也很正常），不過相對而言只應該占開會的一小部分。假如開會的主題用不著出席者之間彼此互動，選擇另一種溝通媒介可能會更有效益（例如寫備忘錄或開線上研討會）。

擬定議程：會議該包含什麼？

以下列舉一些格外適合開會的主題，這些都需要人與人的互動，你議程上的主題最好是這種類型：

- 辨識這個單位正面臨（或即將面臨）的關鍵風險或挑戰
- 辨識和討論用以評估進展的關鍵指標
- 衡量重要流程或已推行的改變

7 編註：一七〇六～一七九〇，美國開國元勛之一。他是政治家、外交家、科學家、發明家，同時亦是出版商、印刷商、記者、作家、慈善家、共濟會的成員。作為科學家，他因電學發現和理論成為美國啟蒙時代和物理學史上重要人物。作為發明家，他因避雷針、雙目眼鏡、富蘭克林壁爐等聞名於世。

- 討論什麼事項進展順利，哪些則沒那麼順利（有待改善的領域）
- 宣布與解析重要資訊或政策變化
- 號召採取行動，以及規劃或制定策略的相關活動
- 解決重要問題與共同做決定
- 採取行動後進行檢討和討論重要收穫
- 討論與慶祝成功，表揚個人和團體的傑出表現
- 短期與長期預測
- 辨識及討論新的機會
- 針對協調合作展開對話
- 跟預算相關的規劃、問題和調整
- 關鍵的人才議題（包括正、負面）
- 提出新產品或點子，徵求意見回饋

除了這份清單之外，出席者或團隊成員也可以提供議程的點子，畢竟會議是共同的體驗，讓所有出席者有一定程度的空間表達意見才公平。第三

章提過的前英特爾執行長安迪・葛洛夫說過：「選擇開會要討論的事項時，最重要的標準是：那必須是下屬滿腦子在想、揮之不去的問題。」相關研究結果強烈支持在跟工作有關的活動上要「允許發聲」，也就是說，假如能真誠鼓勵員工分享想法和點子，而且真的採納這些想法，員工往往會對團隊和組織更忠誠、更認同；體現在開會的場合上，就是出席者會積極參與，全神貫注投入會議。把員工意見納入議程的話，你也更有機會找出對全體出席者都至關重要的討論主題。這件事做起來非常簡單，只要在開會前三到五天寄封信，詢問要在議程納入什麼事項即可（有時我也建議，請出席者一併說明應該加入這個事項的理由）。徵求團隊意見時務必記住，到頭來你才是要為會議負責的人。員工提議的事當然應該認真考慮、嚴肅以對，但要是你判斷對方的提議不適合納入即將到來的會議，你應該選擇以下其中一種做法來處理：①在開會時間之外跟該位（或該組）員工討論這個議題；②把該主題挪到往後的會議。你唯一不能做的事就是假裝沒收到這個建議，無論如何，你都必須用某種形式給對方一個交代。

找出可能的開會主題和目標之後（可以自行擬想，也可以參考他人的意見），身為會議主持人的你應該審慎考量這些目標的重要度，以及每一個目標是否能為開會帶來真正的價值——這個價值應該超過機會成本（能用來處理其他事務的時間）。撤掉不符合標準的內容，倘若某個目標只跟一小部分出席者有關也應該撤掉，在後者的情況中，這個主題最好挪到另一個場合討論。

擬定議程：流程很重要

擬議程的下一步涉及**排出主題的次序**，這和會議能否成功息息相關。關於議程次序在一九九〇年代初有個不錯的研究，研究者是中田納西州立大學的兩位心理學教授：格蘭・利特佩吉（Glen Littlepage）跟茱莉・波勒（Julie Poole），兩人做了一個實驗，舉辦二十四場會議，每場有三到五位參加者，每個會議小組都拿到了一份議程，必須依照議程開會。議程上每個討論事項的難度和重要性都不同，研究者追蹤了不同議程所花費的時間，最有趣的是他們還操縱了討論事項的順序。議程事項包括推選暫時祕書、為組織添購六百部電腦等諸如此類的內容，幾個重要的結果是，研究者發現重大事項不一定會得到更多時間；更重要的是，排在議程開頭的事項獲得的時間跟關注多得不成比例。重點是，先後次序顯然關係重大。倘若單純只是依照收到的順序（先來先列）把討論事項列上去，或是不多加思索地排列，生產力將大打折扣。

基於這些發現，我建議視策略上的重要程度來排列預定的會議目標（包括你自己想到的以及員工提供的）。你需要掌握什麼應該是非討論不可的事項，什麼單純只是「有討論的話還不錯」。話雖如此，會馬上產生影響的問題不見得理所當然贏過時間跨度較大的議題，不應該讓開會全然集中於救火跟解決緊急問題，在會議上也需要主動出擊，納入一些長期事項。

有了這些概念，就可以按照以下幾個大原則做決定了。首先，在檢視討論事項時，可能會發現有幾件事最好一併商議，這麼做能讓整個議程傳達更完整的「故事」。第二，如果其他討論事項的重要性大致差不多，我推薦優先處理員工提出的項目，這樣能釋放容許發聲、包容、共同擔責的強烈訊息。第三，儘管永遠都該準時開會，議程上也只該列重要的項目，但不妨列幾個「暖身」類的事項在會議開頭（像是快速宣布某個公告、簡短分享上一次開會以後的最新進展等等），當作預防有某些人遲到的緩衝，更重要的是還可以累積動能；然而，過了最多10％到15％的時間之後，就該針對最重要、內容最繁雜、最關鍵的討論事項展開討論。這種方式不但能保證處理到這些主題，也能早早抓住出席者的注意力，讓他們專注投入會議。作家派屈克·蘭奇歐尼（Patrick Lencioni）著有《別再開會開到死》（Death by Meeting），我相當贊同書中的一段話：「會議主持人也應該這麼做：在一開始就把適當的議題（通常也是最有爭議的）拋出來討論。主持人藉由讓出席者跟這些議題纏鬥，直到討論出解決方案為止，就能創造引人入勝的真實戲劇效果，避免觀眾神遊天外。」

以上這點對於創造議程的「故事」很有幫助。也請務必記住，不管你選擇了哪一條議程故事之路，會議都該用類似的方式收尾：花幾分鐘作結，歸納會議重點、釐清交辦任務、說明哪些事項將納入下次開會的議程。我也推薦偶爾可以用一段問答時間來結束會議，基本上就是開放大家自由發揮，促進團隊的良好溝通，員工此時提出的疑問可以是關於開會內容，也可以是會議之外的事項。為了避免尷尬的沉默，有些主持人會規定能問幾題，確保這段時間不會虛耗（例如：「散會之前，我想回答五個大家可能會有的問題」）。

前文說明了要擬出有品質的議程該採取哪些關鍵步驟、在哪些環節該做決策，然而正如本章開頭所說，光有議程無法解決所有問題；慎重擬定議程最後卻沒有遵守的會議，我們都遇過。下一個步驟和在會議上使用議程有關，讓議程實際登場前，一定要考慮兩件事：第一，是否要分配好每一項的討論時間；第二，是否要為每個事項指定帶討論的人或負責人。接下來就讓我針對這兩點細談。

排定時間，還是隨意？

應該要把議程上每個項目的時間分配好嗎？這個問題很複雜。首先，關於設定目標的研究告訴我們，分配好每個事項的討論時間理論上能讓人更積極、更專注，也促使人完成任務。但研究通常也指出，架構太縝密有可能減少創意、樂趣和彈性。此外，想想帕金森定律就知道，人會有意無意地依照設定好的時間調整花費的心力，所以開會討論必然受到時間分配的影響，這些影響有可能是正面的，也有可能是負面的，全看排定的時間適不適合那一個議題。最主要的疑慮是假如真的分配不當，那一項議題的討論品質就會被犧牲。

解決這個疑慮的一種方法很顯而易見：會議主持人可以根據當下的討論，即時調整分配的時間。儘管這聽來是個簡單的解法，不過前面已經說過「快速偏方」很少真的能解決問題。實際上要即時調整相當困難，原因在於：①當下可能很難看清有調整的需求，尤其是我們會基於自身觀點而心有成見；②這樣做等於創下了不必遵守議程時間的先例，甚至可能形成常態，本質上反而違背了預先排定時間的用意。綜上所述，要不要預排議程的時間的確是相當複雜的事情。

對於主持人是否該預排議程的時間，以下是我自己判斷的大原則。請注意，我傾向把擬定時間的議程視為工具，想要偶爾運用、經常使用、總是使用、永遠不用都可以。底下的問題中，假如你有超過一題的答案是肯定的，就可以考慮預先安排議程的時間。

●出席者是否容易在細節卡住，鑽牛角尖？

●出席者是否容易偏離正軌，談起不相干的主題？

●你是否注意到你開會的內容大多是例行公事，覺得新做法可能會帶來新鮮感（前提是目前沒有預先分配議程的時間）？

●你過去是否在同一批出席者身上用過預排時間的議程？效果是否良好？

●你是否希望邀請來賓參加會議，又不希望逼他們待完整場會議？擬好時間的議程能有效解決這個問題，舉例來說，特定人士可以在輪到某個討論事項時抵達和離開。本書第六章探討如何管理會議規模，屆時將對此詳細說明。

●議程上是否有特定的主題你認為需要強力關注，也希望確保它得到關注？

如果你決定選擇預排議程時間的這條路，請仔細考慮每個項目該給多少時間——不用說，時間長短應該按照重要程度分配。雖然這麼說，但預估一件事所需的時間仍非易事，畢竟很難預料會有什麼疑問、不同觀點以及衝突。我一向鼓勵主持人先請另一位出席者看看初步擬定的時間，再決定議程的最終版本，額外徵求意見對於把時間抓準很有幫助。最後，如果你確定往後都要預排時間，別忘了定期蒐集回饋，衡量整體來說使用這個技巧的狀況是否有用，以及你規劃的時間是否合宜。

共同承擔會議責任，以及指派討論事項的負責人

雖然會議體驗最終要由主持人負責，但主持人可以採取策略把這項責任分擔出去。一個方法是替某幾個事項指派「負責人」，負責人需要帶關於這個事項的討論，在很多情況下也執行開會後的相關行動。研究文獻表明，清楚公開地把一個任務跟某個人名做連結，能夠培養當責的態度，當責心態又進一步促使開會上的決議受到落實，會議最終是否成功很大一部分取決於此。有好幾個組織採用這種做法，其中最值得一提的是如今這已是 Apple 的開會

標準措施。Apple首創了直接負責人（Directly Responsible Individual）的概念，簡稱DRI，議程上每個討論項目都會指派一位DRI公開給所有人看，所以員工會預期每個事項旁都標註DRI，而每個人都知道那位DRI會負責推進行動。除了這個務實的用意，DRI還能發揮其他幾個作用，包括：①讓更多人參與會議主持；②提供培養會議主持技巧的好機會；③納入更多觀點，讓會議更能激發其他出席者的思考。請注意，DRI不一定會在實際討論議題前就指定，也有可能是在開會期間討論過才決定。無論如何，重點都在於要有一位DRI。

配合討論事項設計流程

擬定議程的最後一步經常遭到忽略，也就是思考該採取什麼流程來處理要討論的各個事項。換個方式來說，規劃會議不光是要確定你想討論什麼，還要想清楚怎麼進行這場會議。本書滿是各式各樣的工具跟技巧，可以在處理各種討論事項時考慮使用，請尋找機會加以善用，讓這些工具幫上你的忙。

挑選適當的工具時，應該考量出席者、任務、過往紀錄，以及可能的陷阱。會議主持人在安排流程這方面具備特殊優勢，因為他們的視野較為宏觀，又扮演關鍵角色，能夠確保投資在開會的時間回收可觀的報酬。

組合運用

雖然議程的形式非常多，無法用同一套範本一概而論，不過以下是個優秀的議程範例，也統整了本章的建議：

議程

開會日期：2017 年 1 月 22 日
開會時間：上午 10:00-10:50
地　　點：4025 會議室

> 開會時長五十分鐘，預留開完上一場會議後的緩衝

事項 1：簡短宣布公告事項與開完上一次會以後的最新進度

山姆跟拉朵雅有個合作上的問題要分享。
流程備註：快速帶過即可
準　　備：無
時　　間：不超過四分鐘

> 徵求議程的討論事項時，大家抛出了幾個重要議題，主持人自己也有幾件事要補充後續。這部分的時間抓四分鐘，避免過長。

事項 2：討論對於達成第二季目標的疑慮，商議彌補缺口的潛在解決方法

流程備註：這部分的開放式討論由我來帶，但會根據後續決定採取什麼行動，指派執行負責人。
準　　備：預先想想看可能的點子。
時　　間：約二十分鐘

事項 3：決定採用哪個產品品牌行銷方案 – 第二階段

流程備註：麗莎會調查每個人的想法並帶領討論，接著我們大家要做個決定，敲定方案。麗莎會跟廠商協調。
準　　備：複習上週討論過的替代方案。
時　　間：約二十分鐘

> 這個項目的第一階段是在上次開會時進行，當時討論了不同的方案，但尚未採取行動。我喜歡這位主持人把討論跟做決定拆開來，促使大家在會議跟會議之間思考。我也覺得明確指出麗莎是 DRI 這點很好。

事項 4：感謝

流程備註：由傑克森來帶。
準　　備：準備好謝意
時　　間：約五分鐘

> 這是這位主持人的慣例，會在這個橋段讓出席者針對過去一週得到的幫助表達感謝，有助於培養健康的團隊關係。

事項 5：問答

我想保留會議的最後一部分，回答幾個你們可能會有、跟團隊有關的急迫問題。

> 為了促進公開透明跟良好的溝通，這位主持人許多次開會都以這個開放式活動收尾，滿足任何對資訊的急迫需求。

本書結尾提供了「議程範本」工具，協助你制定議程。

最後，讓我用幾個本書還沒談到但常有人問我的問題，為這一章收尾。

議程應該提前多久發放？

一般來說，兩到三天是個不錯的大原則。在需要出席者事先做點功課的時候，提前發送議程會格外有幫助，標註需要什麼樣的準備也能讓整個會議更聚焦。第九章會講解有種開會法是乾脆把會議前半段當成準備時間，換句話說，不要求出席者預先做功課，而是在會議的開頭留時間讓大家準備，這樣無疑能確保每個人在相同的準備下展開討論。後面會再深入討論這個方法。

應該多嚴格遵守議程？

身為會議主持人，有些時候你可能必須臨機應變，根據在開會前不久突發的危機或事件來調整議程順序。這種狀況無疑不怎麼理想，但有時候別無選擇。展現經過考量的彈性是可以的。

有沒有會議主持人在議程加入你沒想過的內容，而且效果不錯？

這個技巧最好別濫用，否則可能看起來不像發自真心的，但曾有主持人在開完會時針對每個出席者分享頗為具體的回饋，指出她認為他們在會議上做的哪些事對改善開會體驗很有幫助。透過這樣的正向增強，大家會更有可能繼續採取她點出的行為。

議程上要是沒有很強力的主題，可以取消開會嗎？

可以，可以，拜託取消，完全可以，一定要取消，總之就是可以。

重點精華

1. 談如何改善職場會議的商務書幾乎都主張議程是不可或缺的工具。然而，研究顯示光有議程並不會提升會議的滿意度或成效。
2. 為了讓議程發揮效果，主持人必須有意識地擬定議程。議程的規劃需要仔細思考、審慎處理，就像規劃一場活動一樣。如果想根據團隊或組織的需求量身打造議程，有個不錯的訣竅是向出席者徵求討論事項。

3. 說到其他提升議程成效的點子，我建議主持人把非討論不可的事放在議程的前幾項。是否預先分配每件討論事項的時間，我也認為應該視每一場會議而定——預排時間不一定有效，但的確有它的作用。最後，為議程事項指派「負責人」是個很好的選擇，可以提升責任感。

4. 記住：保持議程的新鮮度！避免重複使用同樣的議程，每次都只改個日期。假如你通常不會預先安排每個項目的時間，下次不妨試著排排看；假如你總是在會議開頭請人報告進度，不妨考慮挪到會議結尾；假如員工有從來不主動參與，不妨考慮指派他們當某個討論事項的負責人。議程跟會議都不該千篇一律，變質走味。

CHAPTER 6

／越大越壞

為了撰寫這一章，我訪問了一位名叫「喬．S．拉克」的員工。喬非常喜歡大型會議，雖然他是虛構人物，但他說的話都是直接擷取自我做過的訪談。

我：喬，感謝你願意和我聊聊。聽說你熱愛超大型會議，這是真的嗎？

喬：喔，沒錯，越大越好。理想的狀況是開會的人多到會議桌周圍的椅子不夠坐，讓我必須坐在最後面的牆邊，離討論的核心遠遠的。

我：多說一點開大型會議帶給你的快樂。

喬：這種會真的太讓人放鬆了。

我：哇，我沒想到會是這個回答。可以解釋給我聽嗎？

喬：趁著開大型會議的好機會，我可以往後靠在椅背上，享受幾個在人多的時候特別幽默風趣的同事妙語如珠，我只要補看還沒處理的電子郵件就好。

我：這樣啊。

喬：除了抓準時機點幾下頭之外，我還規定自己要開口發言一、兩次，好讓大家記得我有出席。雖然這種大型會議多數都跟我的職務關係不大，但有一個附帶的好處，就是通常能讓我在一個小時內學到一件新的事情。

大型會議（有時也形容為「膨脹」會議）是組織裡的必然現象。過往我為客戶「稽查」組織會議的時候，經常發現員工對太多人開會有所疑慮，如果從表訂的開會目標來判斷，超過50%的會議中都有超過兩個人沒必要參加。這種情況通常源於提倡包容的精神、「越多人越好」的心態、不願意根據會議目標好好分析到底真正需要開會的有誰，還有擔心排除某個人會帶來職場政治上的惡果。無論動機為何，從流程和成效的角度來看，大型會議毫無疑問都稱不上理想。本章除了分享大型會議有哪些問題以及相關佐證，也會談如何管理和縮小會議規模，而且不至於讓沒有參加的人感覺遭到排擠。

大型會議反對論：相關佐證

無論是什麼會議，推動進展的動能都來自出席者具備的知識、技術和能力，所以有個理所當然的推論是：開會人數越多，能集中於開會目標的資源和觀點也越多——這代表會有更多意見、更多點子、更多資訊、更多顆能幫忙揪出問題的頭腦，理論上應該能提升開會的成效才是。不幸的是事實看來並非如此，《決策與實行：組織績效突破五步驟》（Decide & Deliver: 5 Steps to Breakthrough Performance in Your Organization）的作者瑪西亞．布蘭科（Marcia Blenko）[8]、麥可．曼金斯（Michael Mankins）[9]與保羅．羅傑斯（Paul Rogers）曾探討以貝恩策略顧問公司（Bain & Company）為對象所做的相關研究，他們指出假如決策團體的人數超過七位，每多一個人，決策的成效就會降低大約10％。從這個數據來看，大型會議顯然很難有什麼好結果。《團體動力學：理論、研究與實踐》（Group Dynamics: Theory Research and Practice）期刊近期發表另一項研究，探討團隊人數多寡與團體體驗品質的關係，調查對象是九十七組工作團隊，發現團隊規模較大的話，團體體驗的品質也較差、發生更多有礙生產力的行為，包括人際攻擊變多、自我中心的舉動變多、更濫用資源。

大型會議在協調合作上明顯有比較多挑戰，除了「必要人員」之外的其他意見和觀點可能會難以管理與整合。更值得注意的是，事實證明隨著會議規模變大，會更有可能發生名為**社會賦閒**（social loafing）的「社會弊端」。「社會賦閒」指的是人類集體工作時，往往會減少所耗費的心力和動力，類似「藏在人群裡」的概念，就像喬．S．拉克在本章開頭訪談中的示範。法國農業工程教授馬克斯．林格曼（Max Ringelmann）以非常創新的手法發現了這個現象，那是個關於拔河的實驗：他要求志願者使盡全力拉動繩子，並把志願者分成不同人數的小組，繩子連接著測量力度／拉力的裝置，讓研究者知道每個人獨力可以發揮多大的力道，一起拉繩子時又出了多少力氣。結果表明隨著小組的人數增加，集體表現隨之遞減，低於每個人獨力可發揮的力氣總和。兩人小組的每個人只會發揮全力的93%；三人小組的每人只會發揮全力的85%；八人小組

8 編註：貝恩策略顧問公司的顧問合夥人，她撰寫了許多關於組織、決策效能和領導力的文章，並發表在《哈佛商業評論》、《金融時報》、《華爾街日報》等知名報章雜誌。

9 編註：貝恩策略顧問公司組織與策略實務領導人，也是位於美國德州奧斯汀的合夥人。

的每人平均只會發揮全力的49％。許多不同實驗情境都成功重現了這個結果，近期有個研究甚至是以叫喊為主題：兩人小組中，每人只會發揮單獨吶喊時的66％，六人小組的每人只會發揮獨力時的36％。從上述可知，我們一旦知道旁邊有其他人出力，就會減少自己所出的力。我們不會傾盡所能，而是會逃避。

隨著會議人數增加，會由於需要協調等各種狀況導致過程愈發缺乏效率、流程問題變多，所以開會規模越大，出席者的平均表現就越不理想。因此，最終極的挑戰在於如何精準拿捏人數——既不至於太少，又不會太多。適中的人數不僅有益於開會品質，到頭來對員工也有好處，我們過去的研究顯示如果一個人必須參加跟自身工作無關的會議，員工投入度就會降低。那麼最關鍵的問題來了：怎麼決定誰該參加會議，開會人數的魔術數字又是幾？

一切都從會議目標開始

接下來幾節將說明幾個建議和技巧，幫助你決定該邀請誰開會。先從最理所當然的道理講起：會議主持人應該根據開會的目標來考量。對於每個開會目標，主持人都該思考以下幾個問題：

1. 誰有開會主題所需的**資訊和知識**？
2. 誰是這個主題的關鍵決策者和重要的利害關係人？
3. 誰需要這些預計要討論的資訊？
4. 誰要執行關於這個議題的任何決策，或採取任何行動？

這些問題可以幫助你辨識相關人員和必要的參與者，不過依然可能導致開會人數太多。

會議規模：大原則

有些公司會建立不成文的規範，以便更全面控管會議規模。科技公司Percolate 訂定了六條開會原則，不只廣發給員工，也貼在網站上，其中一個原則是「禁止純旁觀不參與」。Apple 致力於延續史蒂夫．賈伯斯能免大型會議則免的精神，有兩個故事在 Apple 內部廣為傳誦，持續形塑 Apple 的文化：其一是史蒂夫・賈伯斯有個出名的習慣，只要他認為會議上不需要某些人，他就會（禮貌地）把對方趕出會議；第二個故事則是最有名的，歐巴馬總統曾廣邀科技業領袖赴華盛頓特區開會，結果賈伯斯拒絕出席，原因在於太多人跑去那場會議了，不可能有效運用時間開會。

除了透過溝通與傳聞軼事營造抗拒大型會議的文化，各個公司也經常向員工推廣幾個大原則。Google 經常倡導任何會議都不該超過十個人，Amazon 則有一套「兩片披薩原則」：開會的人不該超過兩片披薩可以餵飽的人數。有間製造商為了維持小巧的會議規模，甚至規定不能超過七個人開會，否則需要請更高階的主管核准。

從關於開會的研究文獻也可以找到幾種基本原則，例如 8-18-1800 法則。根據這個方針，如果你想解決一個問題或做一個決策，開會人數不應超過八人；腦力激盪最多可以找十八個人；再來，假如集會的用意只是通知或號召大家，人數可以超過一千八百人。除此之外，對會議有所研究的獨立特級顧問約翰・凱洛（John Kello）[10]提倡以七人為原則，這是從大量以小型團體和成效為主題的社會心理學研究歸納出來的數字。這個數字也與我的原則一致，對於決策和解決問題，七人以下是最理想的團體人數，倘若主持人的引導功力絕佳，八到十二位出席者也還算可行。假如是激盪點子、擬定議程跟圍圈討論，少於十五人比較理想。整體來說，會議主持人最好根據當下的會議目標，以最精簡的人數開會。

小會議讓人傷心

拿開會發發牢騷是大部分職場都免不了的現象，我們很容易張口就抱怨要開太多會，但有件事卻比開太多會更糟糕，那就是被會議排除在外的感覺。假如我們認定開會內容跟自己有那麼一丁點關係，卻沒收到會議邀請，會產生被邊緣化、被孤立、自認能力不足的感受。儘管我們難以承認，但受邀參加會議往往被當成一種指標來證明自身在組織中的價值，讓我們覺得受人重視。即便

10 編註：美國戴維森學院名譽教授，也是研究工業組織心理學的專家。

我們大聲抱怨被找去開太多會，但某種程度上，其實我們相當享受那些邀約。

大部分會議主持人都想避免讓人覺得被排除在外，假如他們試著維護組織的理念，促進高度合作、多元意見和包容，就更容易如此。邀請一大堆人參加會議，可以讓主持人覺得在力所能及的範圍內實現了這些價值理念。不只如此，他們也明白邀請開會牽涉到辦公室政治——從策略角度來看，邀請特定幾個人是正確的政治選擇。綜上而言，擔任主持人往往會面臨可怕的困境：大型會議的效果不佳，經常造成會議功能失靈和出席者的不滿；但另一方面，就算被排除在外的人跟會議關係不大，卻可能導致心生芥蒂、鬱悶不快、破壞交情。因此真正的挑戰在於，該如何避免開會時有人只袖手旁觀，又不至於引發不快？其實是有方法的！

維持參與感又能減少旁觀者的技巧

再次強調，我們的終極目標是只找必要的人開會，但不讓沒出席的人感覺被排除在外——想辦到這件事，有五個技巧。首先，回顧議程和你列出的目標，說不定會發現討論內容可以非常合理地劃分為兩類，能改開兩場時間較短、規模較小的會，不必集中開一場耗時較久的大型會議，這麼一來就能控制住會議的規模了。

第二個技巧是運用上一章提到的做法：擬定每個討論事項的時間，這一招可以在會議的邊界上製造出入的孔隙，讓特定人士能在特定時間抵達、在特定時間離開；如果希望營造高度包容的氛圍，又不想因為出席者太多導致負擔太大，這是很理想的做法。話雖如此，有人來來去去可能會使流程變得有點凌亂，但我不認為這種情況本身是什麼壞事，反而能中斷節奏、激發活力。不過關鍵在於要請該在特定時間參與的出席者務必準時抵達，我偏好讓他們在指定的入場時間前幾分鐘到達，確保一切順利進行。另一個我喜歡的變化版是在安排討論事項的次序時，把牽涉到比較多人的項目排在前面，討論完畢後這群人就能先行離開，剩下的人則繼續開會。這兩種做法都是藉著排定議程的時間，用有策略的強大方法配合議程內容調整出席人數。

研究顯示，徵求他人的意見之後就算沒人表達想法，依然能讓對方覺得受到支持、認同、整體而言獲得接納，以下幾種方法就是基於這一點。第三個技巧是在開會前徵詢較次要的人員，確認他們是否想出席。比如某幾人的專長可能和會議有點關係，但大體來說影響其實有限，假如你還是希望他們感受到有機會發聲，可以正式或非正式地事先調查，請他們針對會議預計討論的一系列題目表達意見，包括對於討論題目的點子、對某個主題的想法，或其他該在人數較多的會議上討論的事項。請注意，不要強制要求他們回應，重點在於提供表達的機會。開會討論到某個事項時，主持人就能提出未出席的人事先給予的回饋，概要總結他們的想法提供給出席者，或許可以當作展開討論的引子，不必讓這些想法決定討論的走向，但至少要讓出席者大致了解內容。這麼做的話，沒出席的人會感受到自己跟這場會議是有關聯的。我來分享一封電子郵件當作範例，當然，信中的提問可以依開會目標而變化：

親愛的喬爾、珍、珊蒂、莎夏與戈登：

各位可能已經聽說，有幾位同仁（雅各、潔西卡、戴比、諾亞、皮特、伊凡）預計開會討論如何改善廠商採購流程。我們知道各位對採購流程有經驗，如果你們對以下問題有任何想法都歡迎提供：

1. 對於改善流程是否有任何點子？
2. 嘗試改善的過程中，是否有任何你覺得我們需要注意的重要事項？

可以在六月一日下班前把想法告訴我的話就再好不過了，我知道你們都很忙，可能無暇回覆這封信，不過有任何意見都非常歡迎。先謝謝各位，我也很樂意在開完會後轉達會議上討論了什麼。

第四個技巧借用了Google的招數，很適合和第三個技巧搭配使用。彭博新聞社（Bloomberg News）曾經描述Google的會議，指出Google相當注重做完整的會議紀錄，此外他們開會經常同時使用好幾個顯示螢幕，例如其中一個螢幕顯示簡報或素材（如果有），簡報旁顯示正在即時抄錄的會議紀錄，藉此提高專注力和減少錯漏。之所以要做詳細的會議紀錄，通常是為了：①幫助出席者記住會議上實際說了什麼；②藉著紀錄，讓出席者明白自己說的話確實有被聽見；③記下直接負責人，促使負責人在會後採取行動。不過，會議紀錄也可以用來讓沒開會的人更有參與感。一般人往往會忘了這個目的，多半只把會議紀錄發給出席者，但我想提倡的是把會議紀錄發給幾個次要的利害關係人，也就是沒有實際參與會議，但仍然受到開會討論事項影響的人。可以用電子郵件寄會議紀錄給他們，邀請他們提問、給予意見或評論，納入下一次會議。這樣的信通常不會收到回覆，可是收信人能領會你邀請他們確認紀錄的好意，營造正向的參與感。因此，把次要的相關人士找來開會很可能讓他們變成旁觀者，但只要搭配運用技巧三和四，這樣的折衷方案能讓雙方都滿意。本書最後的「工具」附錄提供「完成出色會議紀錄的指南」，讓你做紀錄做得更輕鬆。

作為這個技巧的收尾，我想分享我在西門子公司給過的一個建議，當時我在帶一個關於開會的領導力養成工作坊。我把它擬成一段假想的對話，假如有個人是潛在的會議出席者，但主持人認為這次開會不是非有他不可，在不希望讓對方覺得被排擠的情況下可以這麼說：

會議主持人：傑克，如你所知，我們預計開會討論X計畫。我很重視要尊重你的時間，就像我在議程上說的，我覺得你不一定非出席不可，但我也不想讓你覺得被忽視。我想提議以下這個方式：我會確保會議紀錄做得很翔實，然後分享給你。假如你讀過之後覺得你希望參與往後的會議，我們絕對可以回來討論，但如果你覺得沒必要，之後都由我把最新狀況告訴你就好。你覺得這個安排合理嗎？不過，要是你對這個主題有任何想法，請在星期三以前寄電子郵件給我，我會在會議上分享。

這麼處理的結果幾乎必定是對方會表達感謝，然後回覆他們只要知道最新狀況就好，不必參加會議；但重點在於藉著徵求意見、分享會議紀錄、保留未來參與開會的可能性，一方面能減少他人的孤立感，另一方面，對方還會由於獲得額外的時間而感激你。

第五個（也是最後一個）減少開會人數的技巧，叫做「推派代表」。採取這個做法的話，會議主持人需要明確地請特定人員代表一群相關人士出席，這是他開會時必須額外扮演的角色。舉例而言，一個人會有屬於自己的觀點，但此外也要替行銷和業務的同事發聲。擔任這個角色時，代表需要在開會前跟該部門的夥伴交流溝通，接著在會後協助轉達最新狀況，並持續在必要時徵求大家的意見。這麼做有助於縮減開會人數，同時保有大家的參與感。根據我的經驗，假如一個人被明白要求擔任這樣的角色，這件事也已傳達給所有相關人士（這點相當重要），身為代表的人通常會積極參與。

有些研究間接佐證了這個技巧的效用，以下是個非職場情境的例子。《心理學、犯罪與法律》（Psychology, Crime & Law）期刊近期刊登一項研究，以公車站當作實驗場景，探究承擔職責帶來的效應。想像看看：有位實驗同謀者來到公車站，放下一個皮包，然後動身前往附近的提款機。實驗同謀者會採取以下其中一個行動：請公車站的某個人幫忙顧一下他的皮包（直接承諾）、請每個人替他看一下皮包（間接承諾），或是什麼也不說，直接走去提款機（對照情境）。經過三十秒，另一個實驗同謀者走上前，拿起皮包，迅速往「受害者」的反方向走掉。實驗中觀察了一百五十位參加者，在對照情境中（亦即沒有人受到直接或間接的拜託），只有34%的時候有人介入；在間接承諾的情境中，56%的時候有人介入；然而在直接承諾的情境中，有人介入的情況多達88%。被明白地直接指派一個任務，會讓人更願意採取行動。

結論

每次允許沒必要出席的員工不參加會議，你都送出了世界上最美好的禮物——時間的贈禮。你不光把這個禮物送給不必開會的員工，也送給了開會的人，因為他們不用浪費時間聽非必要的意見。不只如此，這樣做也會減少不滿（而且一樣是每個人的），更不用說讓大家重獲失去的時間之餘，公司也省下一筆成本。然而，永遠別忘記比起開會，一個人更討厭沒受邀去開會。善用本章的技巧，你不但能更有策略地控管會議規模，更重要的是可以在他人不感到孤立和受到排擠的情況下，成功達成你的目標。

重點精華

1. 擴大會議規模乍看可能會更有成效，因為會增加點子、資源與集體的思考力，不幸的是研究表明事實並非如此。太多人去開會反而可能降低效率，因為意見太多、運作不易，甚至出現社會賦閒的現象。

2. 雖然出席者太多會引發一些問題，但也要明白員工沒受邀可能會感到被排除在外。實際上，如同前幾章所說，人類天生就有集會碰面的需求，所以即使是為了減少混亂，刪減邀請對象依然可能導致某些員工的不快。

3. 如果想判斷開會的「最適人數」，我首先建議審視你的會議目標，決定哪些人跟主題相關也有必要出席。想想看，誰是每一個目標的關鍵決策者和利害關係人，這能幫助你決定邀請名單。

4. 除了仔細考量每場會議的目標，還可以考慮預排議程時間，讓好幾批員工分別只參加會議上跟他們最有關聯的環節。另一個技巧能避免未受邀與會的人覺得受到排擠，也就是在開會前徵詢他們的意見，這樣他們即使不親自出席也能有參與感。

5. 對於如何把會議控制在合理的規模（同時避免有人覺得被排除在外），我提出的最後一個點子是提供良好的會議紀錄，以及選擇出席代表。會議紀錄應即時抄錄，開完會即可發給所有相關人士，並註明每項要採取的行動由誰負責。選擇「代表」的另一個技巧則是指派一名出席者代表一整群未受邀的關係人參與，例如代表一整個部門。

CHAPTER 7

／別太習慣舊椅子

是人就擺脫不了習慣，各種有意識和無意識的例行公事跟慣例填滿了我們的每一天、每個月、每一年。大衛・尼爾（David Neal）、溫蒂・伍德（Wendy Wood）跟傑佛瑞・昆恩（Jeffrey Quinn）這三位杜克大學的教授寫過一篇以習慣為主題的精采論文，發表在《心理科學趨勢》（Current Directions in Psychological Science）這本期刊。他們審視相關研究文獻，發現約有45%的日常行為幾乎每天都會重複，而且發生在同一個地點。百分之四十五！習慣行為也有可能是集體進行，例如在團體或甚至組織當中。

習慣或例行公事不見得不好，有時習慣可以發揮非凡的功能、作用和效果。問題在於，由於個人和群體都傾向按照習慣行事，我們可能會忘了「打亂次序」和嘗試新事物的重要；其實，我們說不定連自己的做事方式已經僵化都沒意識到。

這個現象跟開會有什麼關聯？主持人的許多開會行為經常是出於習慣。姑且先不論會議本身也可能出於習慣才開，會議還有可能是在同一時間開始、同一時間結束、總是訂在同一天，出席者總是坐在相同位置，總是選在同一個會議室，總是遵循相同的基本議程——這一切都是習慣的產物。本章會談談有哪些小方法可以打斷開會的規律，激發新的活力、創造新的互動模式，提升出席者的熱忱。這樣的手段有很多種，包括換座位，甚至是乾脆不要有座位。但請注意，我不是主張開會永遠都要換新的花樣，這麼一來只會把「打破習慣」變成一種新的習慣，那就太諷刺了。我主張的是主持人應該保持敏銳，留意有哪些慣例正逐漸僵化，變成一攤死水。下一節提供了幾個點子，讓會議保持新鮮與刺激。

椅子的威力比你想像中的大

回想你上次參加的聚餐，你記得自己坐在哪裡嗎？不管你記不記得，我可以擔保，你坐的位子會直接影響你的聚餐體驗：你跟誰說話、說了多少話，搞不好連你吃了什麼都與此有關（比方說，馬鈴薯泥可能放在桌子另一端）。開會的座位安排同樣很重要，研究表明是否當上領導者會受到位置的影響（例如根據我們的文化慣例，主位就是領導者所坐之位），而我們坐在哪裡關係到整個溝通的過程，以及我們容易反對誰的意見。我認為研究會議的學者即便完全不認識一場會議上的人，只要看一張出席者圍坐在桌邊的照片，照樣能預測開會的互動，而且會有一定的準確度。此外，我們也知道人傾向選擇自己上一次坐的位子；例如在教課時，我可以根據學生在開學第一天坐的位置，近乎鐵口直斷地預測他們在學期最後一天（十六週之後）會坐哪裡。在選座位這方面，我們都是習慣的動物。

因座位而形成的互動模式不見得會擾亂一場會議，不過座位的確可能影響開會的成效、重大決策、創意、樂趣和活力。我來舉例說明：

A和F兩人坐在享有優勢的發言位置，這兩處不是主位就是客位，由於這種位置通常象徵領袖角色，他們兩個人很可能會是發言最多的。如果他們的專長最重要，這麼安排就沒問題，但要是他們得到的資訊有問題或意見不

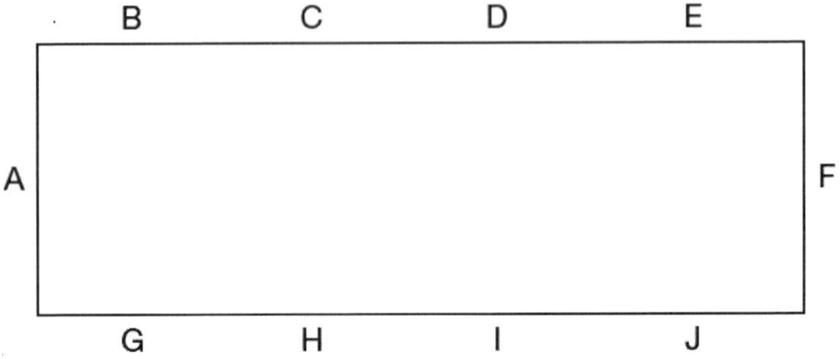

妥當，被放大的影響力就有可能造成損害。C和D兩人相鄰，他們比較不容易對彼此有異議（也就是說，相較於坐在我們左右兩邊的人，我們較有可能跟坐在對面的人對話以及表達不贊同），也更有可能結為某種形式的實質同盟。假如他們觀點相似，這樣就無妨；但要是他們看法不同，讓歧見確實獲得討論可能對會議更好——更出色、更能發揮合作成效的解決方案，往往都來自針對歧見的討論（換句話說，有建設性的意見衝突對開會而言是好事）。J這個人到最後可能在會議上參與度不高，尤其是在A擔任主持人的情況下。要是J沒什麼想法或沒多少話想講，那就沒關係；但假如他的觀點是這場會議成功與否的關鍵，他待在這個座位就可能會降低開會的效益。

這番座位分析的用意不是要主持人操縱人際關係打造開會體驗，而是要說保持座位的彈性有其用處，長久下來可以讓每種互動關係都在會議上發揮作用，進而避免讓人陷入僵化的行為模式，保持開會的新鮮感與活力，促進不同類型的溝通模式，防止整個會議體驗流於單調。想展開這樣的良好循環，主持人只需要敦促出席者每次開會都換座位即可，或至少每隔一段時間要換。大家很可能會發發牢騷（畢竟我們都傾向照既定方式做事），但主持人可以直接解釋這些改變是為了保持開會的趣味、刺激感和「好玩」。舉例來說，在一個我參與的董事會，我們每次開會都把每個人的名牌打亂，放在會議室的不同座位上，所以我親身經歷過這樣做的好處：這不光能夠改變互動模式，還能讓你和更多人建立關係。另一個方式可以不知不覺地改變座位安排，也就是每次都挑選不同地點，用不同的桌椅配置來開會。光是讓人看看不一樣的風景，就能增添大家的活力了。

另一個能透過座椅影響開會互動的方法也和座位安排有些關聯，就是運用**沒人坐的位子**。研究指出，海報和告示牌這類實體標示能有效敦促一個人採取各式各樣的行為，比方說採買雜貨、不抽菸、洗手，走樓梯等等。當然了，海報和告示牌等標示必須清楚明顯、引人注意，才能發揮功效。循著相同理路，有些公司開始在會議上擺沒人坐的椅子，這個做法似乎始於 Amazon，他們用沒人的椅子作為顯而易見的實體標示，象徵無論討論什麼都必須把顧客放在心上。有的公司則是用空椅子代表可能無法出席的重要關係人，像是供應商。簡而言之，空椅子這種實體存在的標示物，可以幫助出席者在開會時考量不同觀點。

接下來兩個技巧則徹底拋開椅子，提供一種完全不同的思維，分別是走動式開會和站著開會。

走動式開會

走動開會是種移動式開會法，適合兩到三人，最多四人。許多公司採納走動式開會的概念，史蒂夫．賈伯斯的傳記提到他熱愛透過長時間散步展開嚴肅的對話，其他身體力行也提倡邊走邊開會的領袖還包括 Facebook 執行長馬克．祖克柏（Mark Zuckerberg）、Twitter 共同創辦人傑克．多西（Jack

Dorsey），以及前美國總統巴拉克・歐巴馬。走動式會議是LinkedIn常見的開會模式，員工會繞著位於加州的總部走二十到二十五分鐘。會這麼做的也絕不是只有知名公司，不分規模大、中、小的各個組織都見得到。這麼頻繁的使用不禁令人想問：研究結果是否也支持這個開會方式？

走路很健康，不少報章雜誌都提過走路對健康的益處：心血管疾病減少、更能控制體重、罹患各種癌症和失智症的風險都能降低、膽固醇降低、強化骨骼和肌肉。不只是身體上的好處，研究也證實戶外運動跟身心健康有關，Inc.雜誌曾報導嬌生集團內部對於邊走邊開會有哪些益處的研究，其中嬌生副總裁傑克・格勒佩爾（Jack Groppel）表示：「我們的研究裡，開始〔邊走邊開會〕九十天以後，同仁感受到自己更有活力、專注力提升，投入度也更高。」

提高活力和投入度無疑對會議有益，而且能反過來促進專注力和創造力。在創意這部分，聖里奧大學（Saint Leo University）管理學助理教授羅索・克雷頓（Russell Clayton）曾在《哈佛商業評論》發表文章，談及他和同事對走動式開會的幾個研究，對象是美國的一百五十名在職成年人，其中邊走邊開會的人更常回報自己高度投入會議，比例高出8.5％。不只如此，開走動式會議的人也表示自己在工作上更有創意。儘管觀察到的效益很小，但如果把一個人參加的所有會議都納入考量，在人數與時間的加乘下，小小的效果也能帶來可觀的改變。

此外，史丹佛大學（Stanford University）研究人員做過一項可說是在這方面最為嚴謹的研究，探討走動和創意之間的關聯，成果最近發表在《實驗心理學：學習、記憶和認知期刊》（Journal of Experimental Psychology: Learning, Memory, and Cognition）。研究團隊執行了四個實驗，審視在走路的當下與走完不久後，創意構想是否受到任何影響。實驗項目分為幾種，受測者有些在室內走路（使用跑步機），有些在室外，這幾組也會和坐在室內或室外的受測者相互評比。研究中運用的一種測試名叫基爾福替代用途測驗（Guilford Alternative Uses，GAU），亦即要求受測者找出常見物品的不同用途；比方說，在我的團隊創意工作坊，我會讓參加者思考迴紋針有什麼不一樣的用途，大家想出的創意方案包括替代拉鍊、當成髮夾、魚鉤等等。史丹佛的研究裡，在外面走路是四種情境中最能激發創意的，例如研究人員發現在GAU測試中，超過80%的受測者走動時的表現比坐著更有創意，其中又屬在戶外走路時最有創意。綜上所述，走路不但有益身心，也能解放更大的創新思維潛能。

走動式開會的擁護者進一步主張這種會議的成果更好，理由有幾個。首先，走動式會議能促進溝通，因為參加者較無法透過手機或筆電一心多用處理其他事務，所以參加者會更用心開會、更專注。另外有人認為，走路能讓人不那麼拘泥於禮節、比較不拘謹，也讓人更坦誠溝通。前面提過的 Inc. 雜誌文章引用了西聯匯款（Western Union）執行長賀克曼．厄塞克（Hiket Ersek）的話：「一起去走走的時候大家放鬆得多，也會坦白說出心底話，而且更快切入重點。」

以上的重點並不是要徹底廢掉會議室，投影機、白板跟桌子在某些情況下，絕對還是必要的，也有些時候，會議的內容不適合邊走邊談（比如紀律處分會議）。以下是運用走動式開會的其他幾個注意事項：

- 最重要的一點是，走動式開會真的只對小型集會有效。兩到三個出席者是最理想的，主持技巧夠出色則可以多至四人。
- 必須搭配不用科技設備的議程。話雖如此，我推薦一位主持人用手機上的語音轉文字功能做備忘錄，以便在走動期間記錄重要內容，這樣做快速又簡單。

●走動式開會不適合很仰賴輔助素材或需要做大量筆記的討論。

●請記住，這種會議依然需要適當的規劃和架構才能完整發揮潛力，所以最好還是準備經過妥善考慮的議程。這種開會並不只是工作期間的休息而已。

●如果打算舉辦走動式會議，應該事先告知出席者，免得他們在抵達現場時嚇一跳（比如說有些鞋子不適合走路走太久）。雖說我建議穿舒適的鞋子，但走路應該慢慢走，絕對不要變成有氧運動。

●理想情況是在戶外走，假如沒辦法，只在建築物內部走動也足以讓人換換口味了。無論是哪一種環境，請慎選路線，最好選擇相對安靜、可以繞圈子的路。如果無法繞圈子走，請確保最後走到經過所有人同意的地點，像是咖啡廳、停車場或員工餐廳。

我想引用維珍集團（Virgin）執行長理查·布蘭森（Richard Branson）在

部落格寫過的一段話，當作這一節的收尾：

只要有機會，我通常想挑戰向前多跨幾步——純粹是字面上的意思，也就是邊走邊開會。有時候我甚至會給自己設定挑戰，要在繞完一個街區的時間內想出行動計畫：五分鐘，開始！人有很多時間都是在開會上浪費掉的，大家忘了議程的存在、議題的討論偏離預想、岔題到其他事情等等。雖然有些情況的確有必要開工作坊或深入報告，針對單一主題的開會其實很少需要超過五到十分鐘。站著開會的話，你會發現大家做決定的速度挺快的，而且沒人打瞌睡！況且在繁忙的一天之中，這也是找機會做點運動、維持專注力的好方法。不在會議室開會的另一個好處是少了各種花俏的工具，反而可以著重於真正的溝通。

站著開會

另一個捨棄椅子站起身的方法是站著開會。關於坐著，有個事實是我們確知的：坐太久有害健康。久坐跟高血壓、膽固醇提升、整體心血管疾病風險增加有關，《英國運動醫學期刊》（British Journal of Sports Medicine）曾刊登一份廣受大眾媒體報導的研究，其中調查了一萬一千名成人，發現每坐著看電視、DVD和其他有螢幕的科技產品一小時，預期壽命就會減少大約二十分鐘。知道了這點，就讓我們來談談站著開會的好處。

密蘇里大學（University of Missouri）教授艾倫・布魯頓和同事做了一項研究，在實驗情境中比較站著開會和坐著開會，總共分析了一百場各五人參與的會議。雖然開會品質沒受到開會形式影響，不過坐著開會耗費的時間比站著開會長34%——換句話說，站著開會**只需相對少上許多的時間**，即可達到相同的品質。在站著的會議中，參加者回報的滿意度也比較高。

聖路易斯華盛頓大學（Washington University in St. Louis）的兩位研究人員安德魯・奈特（Andrew Knight）和馬克斯・拜爾（Markus Baer）近期研究了四十五個小組，每組各有三到五個人，研究中分為站立和坐著兩種情境，參加者的任務是在三十分鐘內構思和錄製大學招生影片。整體而言，研究人員發現站立會議的合作狀況更好、比較沒有想獨占創意的狀況、更願意考慮他人的點子，也有更多交流互動。從這項佐證可以得出結論：站著開會是值得會議主持人考慮的工具。要站著開會的話，請謹記幾個注意事項：

- 小心開會長度，大家願意站著的時間總有極限。這方面沒有專門的研究，但我建議控制在十五分鐘左右，這樣應該不至於疲勞，也能避免健康的人無形中較占便宜。
- 如果嘗試站著開會，請密切留意出席者的體格差異是否造成任何不妥的互動方式；例如，避免超過一百九十公分的出席者令身高不到一百六十公分的出席者感到畏懼。對於這類狀況，一種可以考慮的解決方式是準備能稍坐的高腳凳，但不提供桌子。

結論

本章說明的技巧都是我鼓勵大家嘗試的工具跟做法，可以提升活力跟專注力，整體來說也能改善開會的體驗。這些就像在箭袋裡多準備一支箭、工具箱裡多一樣工具，調色盤上多一個色彩、蠟筆盒裡多一根蠟筆，過度濫用只會形成另一個習慣，所以請務必節約使用。最妥善的做法無疑是根據一系列會議目標，配合不同時機善用不同技巧。嘗試新事物能讓團隊感受到你的在乎，知道你注重一定程度的冒險與實驗。採取這些替代開會法時，團隊可能會發發牢騷，甚至取笑你幾句，但應該會感謝你嘗試改進一個枯燥乏味的體驗，想辦法讓它更有樂趣。這麼做只會帶給你良好的評價，放手去試吧。記住詩人威廉・古柏（William Cowper）[11]的名言：「變化就是生命的香料，帶來各種風味。」

重點精華

1. 人天生喜歡照習慣行事，這種遵循慣例的傾向也適用於我們舉辦的會議，導致開會容易單調乏味，因為每次會議的流程、結構和安排大致相去無幾。
2. 好幾種方式能讓開會更有變化，有個技巧是改變開會的座位安排。雖然這招看似粗糙，但員工坐在誰的旁邊、對面或跟誰相隔一段距離，必定會影響他們的開會體驗與整個開會品質。人是習慣的動物，往往會一而再再而三地在開會時坐同一個位子。改變座位的方法有直接請出席者坐不同位置、打亂名牌重新擺放，或是變換會議桌的配置跟開會地點。

3. 另一個可以增添會議變化的技巧是走動式開會，研究表明走路有益健康，包括減少肥胖與心血管疾病、提升創意與專注力。必須謹記，邊走邊開會最適合兩到四個人，而且依然需要事前規劃，最好選擇可以繞圈的戶外路線（不過也很歡迎稍作變化）。

4. 可以考慮站著開會。和邊走邊開會類似的是站著有益健康，研究顯示能夠提升開會的滿意度和效率。人數較多的團體也可以站著開會，但時間應該短一些，大約十五分鐘即可。

11 編註：一七三一～一八〇〇，英國詩人，擅長描繪日常生活和英國鄉村場景，是開啟浪漫主義的先行者之一。重要作品有：《奧爾尼詩集》，他也將荷馬的《伊里亞德》和《奧德賽》從古希臘文翻譯成英文。

CHAPTER 8

／從一開始就化解負能量

「你十秒前就說了你要長話短說，我說真的，你他媽趕快給我總結啦。」

——網路迷因

負面能量不僅消耗一個人的精神，在群體中也很有感染力。我們都知道，一個人的心情狀態（也就是他當下的心情）會大幅影響他的思維和行動。每個人的心情狀態都不一樣，即便是同一個人，在一天之內也會有不同的心情狀態變化。心情狀態可能倏忽即逝，但有充分的證據顯示正向情緒對健康有益，也能發揮許多良好的效果。這一章會談談為何把正能量帶入會議對個人或團隊都有好處，由於心情狀態不僅會受人影響也能影響旁人，以下的建議將是非常強大的工具，很適合納入你的開會工具組。

為何要正向？

正向的心情狀態能夠促進一個人的認知彈性、韌性、身心健康，甚至是創意。一個和本章很有關聯的有趣事實是，會議出席者的集體心情狀態也很重要：聖路易斯大學（St. Louis University）的馬修．葛拉維奇（Matthew Grawitch）跟同事針對這個主題做了個很有意思的研究，成果發表於《團體動力學：理論、研究與實踐》期刊，其中使用一種流程誘發受測者的情緒（例如請受測者花三分鐘專心想一件不久前讓他們感到愉快的事，藉此重現一定程度的好心情），然後把受測者分為三個類別：心情好的人、心情壞的人，以及屬於中性的人。在執行一項需要創意的任務時（類似我在前文提過的迴紋針創意發想），處於好心情的會議出席者表現優於心情中性或負面的這兩組人。研究人員發現，抱持良好心情的出席者會更投入，也較有可能運用、整合來自不同出席者的資訊。根據這些發現，正向的集體心情狀態是智識與社交上的潤滑劑，能激發更健全牢靠、相互整合、更有創意的討論。

《應用心理研究》（Journal of Applied Psychology）期刊曾刊登一個

相關研究，由教授兼頂尖學者納萊．勒曼－威倫勃克（Nale Lehmann-Willenbrock）[12]和喬．艾倫主持，探究幽默在會議上扮演的角色。他們錄下四十五場某個組織的真實團隊會議，聚焦於觀察幽默的言行和笑聲出現的模式，交由外部的評分人員觀看影片進行計分，研究團隊另外也向主管蒐集這些團隊的工作表現評分。在較常產生幽默的表現和笑聲的會議（超過只是偶然被觀察到的程度），較容易出現社會情緒溝通（socioemotional communication，例如表達支持）、有建設性的討論，與提出創新的解決方案。不僅如此，如果會議較有幽默感，整體團隊工作表現評分也較高。當然了，假如幽默屬於較為刻薄、帶有貶低意味的類型，就算激起了笑聲，對團隊的整體工作表現仍然有負面影響。

不幸的是，我知道這可能令人難以置信，但參加會議似乎不會讓人有好心情。在我早期的研究，我發現開會經常被視為一種打斷工作的事，畢竟我們一整天下來為了達成大大小小的目標，忙於各種任務和活動，中間偏偏就是要卡個會議。雖然多數職場都有以團隊為基礎的任務，但工作的衡量大多是以個人為單位，每個人都必須獨自為不佳的工作表現負責，基於這個原因，我們把不少時間投注在以個人為單位的目標上，而會議可能打斷整個工作節奏。雖然我們偶爾也很歡迎被打岔，但大體來說，我們都覺得被打斷很煩、令人焦躁，說不定還會直接破壞我們的工作跟心情。眼看干擾即將發生時，人往往會產生負面壓力，畢竟等到干擾結束，員工還得額外花時間思考自己被打斷前在做什麼，才能重回軌道。有鑑於此，你得下點工夫才能讓大家帶著好心情參加你要主持的會議。首先，最好做些能幫助出席者專心開會的事，別讓他們滿腦子想著開會前正在做什麼，或是寧可去做什麼。換個方式說，為了讓出席者用心開會、營造正向的氛圍，必須先協助大家抽離干擾工作所帶來的心理壓力。

協助抽離

會議正式開始前，主持人應該主動向出席者打招呼，讓大家感覺受到歡

12 編註：德國漢堡大學工業與組織心理學系主任。

迎、感謝和需要。身為會議主持人請先不要坐下，在出席者陸續進來時走到他們的位置旁打招呼，記得要有眼神交流。打招呼的方式必須視彼此的關係而定，但你可以考慮握手、拍拍肩（如果適合的話），或其他能使人感受到親切歡迎的舉措。假如有些出席者互不認識，請主動替他們介紹，甚至是指出他們有交集的領域。在前面的章節我把開會比擬為婚禮之類的社交場合，就這個角度而言，我上述所說的行為都是一個好主人的待客之道，畢竟這不就是主持人該扮演的角色嗎？最重要的是你該主動散發正能量，出席者會馬上受你的能量感染，從你身上傳達的訊息感覺到他們走進了什麼樣的場合。關於情緒感染的研究都明確指出心情會快速傳播，不過這種效果是雙向的，所以也別讓他人的負能量拖垮你，面對出席者可能會有的負能量，請保持樂觀正向。

除了像前面所說的那樣歡迎出席者，有時我也會用音樂來幫助抽離，促使大家專注於眼前的會議，我親眼見過這一招發揮奇效。請在大家進入會議室時，以清晰可聞的音量播放音樂，偶爾我會問第一個出席者最喜歡什麼類型或樂團，然後用 Spotify 找出來。音樂本身就可以提振精神，還有昭示新事物即將開始的作用；到了預定的開會時間，我會猝然把音樂關掉，創造「正事即將開始」的聽覺提示，這個手法簡單卻很能抓住注意力，相當適合用來展開會議。

上面這個建議可以營造有建設性的開會氣氛，接下來我要說明做到以下這點的重要：**充滿熱忱地有效展開會議，並維持這個動能**。首先，主持人必須體認到自己在推廣正向的開會環境上扮演獨特的角色，有研究顯示，從主持人的心情就能頗為準確地預測最後出席者會是什麼心情，其他研究則有更進一步的結果，告訴我們從主持人的心情狀態還能預測團隊的工作表現。現在，問題在於主持人該怎麼奠定正向的開會基調，甚至營造愉快的會議？更重要的是，如何維持這樣的氛圍？

有證據表明，在會議開頭受主持人鼓勵與推廣的社交互動，足以影響後續的整場會議。舉例而言，《歐洲工作與組織心理學期刊》（European Journal of Work and Organizational Psychology）曾刊登一項研究，以十八個甫成立的機組為對象，深入分析機組成員在飛行前階段（類似開會的第一個環節）所說的每一句話。首先，這些作者發現根據初期在團隊中發生的溝通類型，即可預測之後的溝通類型（比方說，要是初期的討論缺乏建設性，這種對話將在整個會議持續出現）；再來，假如初期的行為模式有建設性（也就是說屬於平衡的互動模式），最終會對工作表現產生良好的影響。論文的結論強調，在訓練中致力於營造健全的初期互動非常重要。

《快樂朝九晚五：如何愛你的工作、你的人生、在職場所向無敵，成為最好的自己》（Happy Hour Is 9 to 5: How to Love Your Job, Love Your Life, and Kick Butt at Work〔Your Best Self〕）這本書記錄了另一個相當有意思的研究。作者提到有個心理實驗找來一群人，要求他們對一個有爭議的主題達成共識，巧妙的是其中一個會議參與者其實是演員（實驗同謀者），是刻意安插進來完成任務的。研究人員指示這名演員當第一個開口的人，演員在一半的組別中會說正面的話，在另一半的組別會說有批判意味的負面言論。按照劇本說完第一句話之後，演員就會以中性的態度正常參與其後的討論。研究人員的發現和前文的機組成員研究一致：演員如果一開始說了正面的話，後續的集體討論會比較有建設性，大家更願意傾聽，也較有機會達成共識。然而，要是演員一開始說了負面言論，討論通常比較容易起爭執，氣氛較有敵意，也較難達成共識。就像骨牌一樣，會議的開始形塑了整個會議的走向。因此有意識地展開一場會議至關緊要，你必須小心留意，確保接下來的互動盡可能正向。

以正向氣氛展開會議的方法可以很簡單。第一，善用你對出席者說的第一句話。熱情振奮、充滿願景、方向明確地開始會議，清楚說明出席者為何來開這個會，會議上必須完成的是什麼。接下來，主持人可以考慮在兩分鐘內好好肯定、表揚和感謝大家，理想狀況是針對集體的成就，不過也可以表揚個別員工的表現。像這樣的肯定和感謝能營造共同的喜悅，提振團隊的士氣。除此之外也有別的版本（同樣只需要幾分鐘），比如說繞會議桌走一圈，鼓勵每一位出席者：

- 感謝在上次開會以來幫助過自己的人（或整個團體）。
- 肯定另一個人從上次開會以來達成的成就。

當然，除此之外還有很多活動可以做，條件只有兩個：大致上要聚焦在正向的事情，而且不會耗費太多時間。關鍵在於找出你認為適合出席者的活動，但別讓它變成另一個習慣，偶爾不妨換個題目，保持這些討論的新鮮感和趣味。

我也很喜歡定期提醒大家「開會的價值」何在，藉此協助他們進一步抽離負面情緒，讓會議的開始留下正面影響。正如前幾個章節提到的，主持人應該定期衡量這些會議的成效，一個變化版本就是挑一個時間點問出席者對開會環境的期待，像是希望身為主持人的你和其他人建立什麼常規、展現什麼行為，這個做法很適合在一個團隊或專案小組的建立之初時採用，但也能應用在其他時機。本書結尾附上一個會議主持人實際用過的「會議期望快速調查問卷」，供你參考。

從這種短問卷蒐集到的回覆很適合當作會議的引子，舉例而言，假如參加者表示他們很注重發表意見應該簡潔扼要、有異議的話應該相互尊重、不要在開會時私下聊天，也期待大家在開會時做到這幾點，你可以在之後開會時重申這些原則。不見得每次開會都要這麼做，但定期提醒大家該遵守的理念與期望是很好的做法，有助於養成有建設性的正向常規，也讓每個人體認到大家會一起展開新任務，而這個任務對每個人的行為舉止都有具體的要求——這可以協助出席者抽離情緒，此外有研究證實，明確表達期望更容易使期望成為常態。

整體而言，上述幾種方式都是為了改善會議開始時的氛圍，這樣的氛圍有助於減少抱怨和牢騷。

調整會議流程，維持專注力與正能量

如前所說，用正向的方式展開會議無疑很重要；然而，光有好的開始不足以讓每個人從頭到尾保持專注、化解負能量。本書分享的各種技巧不但能讓開會流程更有建設性、更有效，也可以維持有益討論的正向開會氛圍，可說是都與本章有關。在這章的最後我想快速分享其他幾種技巧，雖然都是小小的舉動，對會議和開會氣氛卻有正面的效果。這幾種方法如下，我挑了七個截然不同的技巧。儘管這些範例都值得參考，但說到底只是範例，每個會議主持人都可以發想構思各種可能的做法，吸引出席者全心投入會議、保持專注與正能量。希望這些範例能幫助你激盪出新穎的點子，讓你願意嘗試新事物。

提供食物

有個幾乎萬無一失的方法可供主持人協助出席者抽離情緒，無論在世界各地，這方法都有個相當簡單的名字：點心。你應該不會驚訝，各項研究一致表明如果要預測出席者對會議是否觀感良好，開會吃點心是相當準確的預測因子。小點心不僅廣受喜愛，也有助於營造樂觀積極的心情狀態、培養同事情誼，連帶影響會議上的討論。如果能讓會議更專注、更有活力，滿滿一大碗美味零食也是很划算的代價。

在桌上放小玩意

想像一個小孩的玩具箱，再想像裡面的東西全都拿出來擺在會議桌上。有的公司會運用培樂多黏土（Play-Doh）、彈簧玩具、磁鐵和其他小型益智玩具跟遊戲，協助出席者抽離負面情緒、提升注意力與培養正面的心情狀態。紐約大學理工學院（New York University's Polytechnic School of Engineering）

的一項研究間接支持了這種開會方式，其中指出零碎的小動作和特定手部動作有助釋放焦躁的情緒，刺激腦部集中於單調的事務上，減少壓力，提升整體專注力。有機嬰兒食品與相關產品製造商 Plum Organics 就採取了類似的策略，經常主動在會議上搭配使用著色畫。Fast Company 雜誌二〇一五年的一篇網站文章曾引用 Plum Organics 執行長的一段話，總結了他們採取這個方式的動機：「事實證明在開會時畫著色畫可促進積極傾聽，而且比分心處理電子郵件等事務更有益處。」

制定科技產品使用規則

雖然吃東西跟把玩小玩意的確對抽離情緒、提升專注有幫助，但主持人也可以採取其他更具體明確的行動，也就是直接針對使用科技產品和一心多用的情況對症下藥。過去四十年來，我們越來越相信自己有辦法同時處理好幾件事，然而事實是人腦在這四十年內根本沒有重大的變化，一個不健康的矛盾現象於焉形成：我們以為自己很擅長一心多用，但其實根本沒那麼擅長。這種信念讓我們產生許多有礙生產力的行為，其中許多和科技產品有關，比如邊開車邊傳訊息就屢見不鮮。美國國家運輸安全委員會（National Transportation Safety Board）的報告顯示，開車傳訊息的危險程度差不多等於血液酒精濃度超標三倍的酒後駕駛。在與人當面互動的同時使用科技產品也是個問題，雖然不至於造成性命危險，但這類一心多用的行為使人較無法抱持同理心積極傾聽，導致分心，也削弱專注於當下的能力。不僅如此，一心多用的行為可能會連帶促使身邊的人分心，讓別人感到惱怒和不被尊重。解決這些問題的方法顯而易見：規定在開會空間不能使用科技產品。

研究也支持這個解法。南加州大學馬歇爾商學院（Marshall School of Business at the University of Southern California）的三位教授做了一個研究，探究人對於開會使用手機是否有禮貌的看法。他們調查超過五百名專業人士，歸結出相當扎實的結論：

- 84％受訪者表示，在開會期間撰寫、傳送訊息或電子郵件很少或完全不適當。
- 58％受訪者表示，開會期間用手機確認時間很少或完全不適當。

●年齡較長的專業人士更無法容忍在開會時使用科技產品，尤其是收入較高的人。

基於這些結果，很多公司開始禁止在開會使用科技產品，並請出席者在門口檢查手機或把手機放進籃子（必須「隨時待命」或有類似職責的員工則例外）。最有名的例子是前總統歐巴馬的內閣會議，他們開會時禁用手機，確保閣員都能完全專心在會議上。這個建議有幾個重要的注意事項：首先，禁用科技產品對夠短、夠緊湊的會議最有效。如果開會時間偏長（例如一小時，或甚至不到一小時），你可能需要在議程上排一段使用科技產品的休息時間，讓大家可以確認訊息、用手上的裝置迅速解決問題。務實一點來講，考量到社會上程度不等的科技成癮，這樣的安排也能讓出席者內心平靜一點。

討論這個措施時，大家常問設置禁用科技產品空間是否也要把筆記型電腦算在內——答案大致上是肯定的，筆記型電腦也跟手機一樣讓人分心。當然了，你可以為這個規則設想一些例外狀況，比如說，出席者的筆電上可能有些資訊對會議來說很重要的時候。另外，心理學家潘・米勒（Pam

Mueller）與丹尼爾・奧本海默（Daniel Oppenheimer）[13]做過一項有趣的研究，發現手抄筆記的學生比用筆電的學生更能掌握課堂上教的概念。所以在會議上禁用筆電不只能減少分心，還能讓人更深入理解討論內容。

考慮搭配線上問答

線上問答可以透過出席者的個人手機或裝置，在開會期間蒐集資訊和意見，把這些資料馬上彙集起來摘要統整，即時呈現在會議室中的螢幕上。這樣的技術（像是Socrative等平台或應用程式）相當易於上手，如果需要一些協助，YouTube上也有很多教學影片。整個過程通常是讓出席者前往一個網站，用帳號密碼登入，接著透過螢幕顯示一個問題請出席者回答，不出幾分鐘，資料就會蒐集完成，在螢幕上顯示結果。這個方式極有效率，又能帶動高參與度，是個非常棒的做法。提問的問題可以是封閉式的，像是「你想討論以下哪個方案」或「請針對某個職位應徵者評分」；也可以是開放式的，比如說「請提出你對提案的任何疑慮」。這類線上問答可以輕鬆在開會前設計完成，但假如有值得討論的突發問題或主題，也能趁中途短暫休息的期間用幾分鐘迅速建立。儘管我還沒看過關於開會搭配線上問答的研究，但出席者的回饋都很正面，讓我大為驚豔。線上問答可以促進開會的參與度和專注度，又能營造正向積極的氛圍、增添趣味——這都是我們從開會之初就希望能培養的氣氛。

考慮角色扮演，但不只限於找人當「魔鬼的代言人」

請一個人扮演「魔鬼的代言人」（即觀點和主流意見相反的人），這對刺激批判性思考很有用。不過，除此之外其實還有其他角色可以指派，一切取決於手上的議程，其中最重要的是請人扮演沒出席會議但與討論項目有關的利害關係人，比方說一位年長的顧客。在一定時限內（五到十五分鐘）進行角色扮演時，應該請扮演角色的出席者盡可能務實，正常參與開會討論（而不是由這個人主導對話），同時從角色的觀點提出意見（角色可以輪流擔

13 編註：史丹佛大學心理學博士、卡內基美隆大學心理學教授。除了心理學導論之外，也教授各種課程，包括公共政策心理學、心理測量與評估、行銷策略、高等教育改革、慈善心理學、民主心理學、思考與推理等。

任）。像這樣的流程變化通常能刺激思考，減少思維上的僵化與漏洞；就本章的主題而言，這麼做也可以增加活力、提升投入度，替會議增添樂趣。

讓出席者兩兩討論

全體開始討論議程上的事項前，請大家兩兩分組，花點時間（例如三分鐘）談談當下的主題，接著再進入全體討論。可以請每一組報告他們的初步想法，但這不是必要步驟，這個技巧我已經研究和運用了二十年，發現即使不請出席者回報想法，他們仍舊會對考量某個議題更有準備，使對話更多元也更健全。這個簡單的方法可以達成好幾種效果：第一，讓每個人投入討論（換句話說，在一對一討論中很難只是坐著聽對方講話）；第二，能讓好幾個新點子浮上檯面，有助於減少團體迷思的現象；第三，害羞的人比較能夠自在地開會，而且這些人的「搭檔」經常會出言提倡他們的主張。這個流程能順利運作的一個關鍵是要強調分組只是初步討論，不是要他們馬上提出任何結論，只給短暫的討論時間也能幫助他們明白這一點。

老套但有用的伸展運動

這想必不需要多作說明，伸展運動做起來很簡單，效果也很好。可以考慮定期在重要的議程事項之間讓每個人站起來，做個大大的伸展，把手朝上伸或往下伸向腳趾，只要十秒鐘就能提振精神。

結論

想營造良好的第一印象只有一次機會，把握好最初見到某個人的片刻非常重要。開會也是同樣的道理，況且大家參加會議經常帶著心理包袱，無論是整體來說就是對開會有負面觀感，或是由於自己的工作迫在眉睫而備感壓力，開會都給人干擾的感覺。身為會議主持人，我們必須正視這些包袱，因為這可能拖累開會成效，造成負面的會議互動模式，減少創造力、建設性和樂趣。我們可以主動化解這些影響，也就是用促進專注和正能量的方式展開與主持會議，最重要的是：尊重出席者投資在這裡的時間。

重點精華

1. 情緒很有感染力，會議也免不了受到影響。學者指出，正面和負面的心情狀態會在會議的出席者之間擴散，主持人則能夠發揮獨特的作用來影響會議上的情緒。

2. 為了營造正面的心情和開會體驗，主持人應該有意識地讓出席者從他們開會前做的事情抽離。要做到這點有幾個技巧，包括以經過考量的方式和出席者打招呼、提供小點心、在出席者抵達時播放音樂等等。

3. 另一個讓出席者抽離的重要技巧是勸阻大家邊開會邊一心多用。實際上，有的公司已經徹底在會議上禁用手機、平板跟筆記型電腦。記住，我們並沒有自己想像的那麼擅長一心多用。

4. 除了協助抽離之外，在良好的氣氛中展開會議同樣很重要。開場白務必斟酌，可以考慮表揚團隊（或個別人員）的成就，提醒出席者「開會的價值」。

5. 最後，嘗試不同的做法也會有幫助，例如搭配線上問答、鼓勵大家做進階的角色扮演、分組討論，甚至是做點伸展運動。我相信這些技巧都能在會議上促進良好的能量，讓大家在整個開會過程保持專注。

CHAPTER 9

／不要再說話了！

「溝通最大的問題，就是我們自以為有溝通。」
——諾貝爾文學獎得主、作家兼評論家／喬治・蕭伯納（George Bernard Shaw）

記不記得糖果品牌 Life Savers 的汽水、文具品牌 BIC 的拋棄式內褲、哈雷機車的鬍後水、麥當勞的豪華拱門堡（Arch Deluxe）？這些產品都在推出後迅即黯然退場，明明大型公司擁有才華洋溢的員工、挹注驚人的成本、花費這麼多心思籌備，推出的產品竟然還失敗得這麼慘烈，實在匪夷所思。再舉個例子：當年可口可樂拋棄傳統的可樂配方，推出「新版可樂」，但他們怎麼可能沒料到會引發這麼強烈的負評？說到底，他們就是靠著培養品牌忠誠度才打造出事業帝國的啊。許多學術研究和個案分析都指出，這類決策災難的問題很多都出在各種特殊、多樣和重要的資訊沒機會在會議上公開，所以儘管開了無數次會議籌備新上市的產品，決定成敗的關鍵因素卻始終未獲揭露，注定最終走向失敗。避免這種下場的一個關鍵，在於**少說話，多沉默**。

我就開門見山地說了——有時候，出席者閉嘴一段時間，不只對開會大有幫助，還能發揮極高的生產力。乍聽之下很不可思議，不過有幾個營造沉默的技巧反而能讓會議更活潑、有趣和豐富。沉默是金，對於要激盪和評估各種點子的會議，沉默尤其寶貴；這一章我們就來談談，為何沉默可能是解決許多開會弊端的良方。

整體大於個別的總和

雖然開會多半是出於務實的理由，也就是分享資訊與協調眾人合作，但會議其實有機會帶來更遠大的成果——當我們召集眾人，集思廣益解決一個挑戰或棘手的難題，我們期待激盪出具有加乘作用的獨特效應，讓開會結果超越一對一討論和電子郵件的成效。在理想情況下，出席者的互動能激發出單獨一個人不會想到的靈感和解決方案，這就是組織裡的「啊哈時刻」，團隊會在這時候冒出完全出乎意料的想法，甚至連自己都嚇一跳。運動領域更容易見到這種情形，有時某個隊伍會超常發揮實力，一舉擊敗好幾個優秀的選手，像是在一九八〇年，成立未久的美國曲棍球奧運代表隊擊敗了強大的俄國隊，但其實俄國隊實力堅強、經驗老到，也更有運動才能。

根據關於開會的研究，會議上約有10%到15%的時候會發生加乘效應（synergistic effect）。儘管我認為這個數字低得教人驚心，但至少證實開會的確有可能達成超乎預期的成效，例如點子更多更好、意見回饋更豐富、獲得充滿洞見的批評，以及統整各方看法找出獨特的方案。然而，這些大多取決於出席者的投入度和參與度。假如希望有好的效果，最關鍵的或許是在開會時善用每個出席者的重要相關知識、見解和觀點，倘若出席者沒提出與開會目標有關的重要資訊與洞見，尤其是唯有他們知道的情報，會議勢必流於平庸，甚至更慘；或者說不定會像「新版可樂」，衍生一大堆糟糕的計畫跟新產品。

由此出發，一個關鍵的問題在於：假如只有自己掌握某個攸關開會目標的重要資訊，出席者是否會提出來？格洛德．史塔瑟（Garold Stasser）[14]與威廉．泰特斯（William Titus）兩位教授主持了一項研究，主題是會議中的情報分享探究情報分享真的存在嗎？為了回答這個疑問，他們設計了一個情境：開會前，每位出席者會獲得關於討論主題的資訊，有些是所有人都知道，有些則是只有某一個出席者知道。這份研究的有趣之處在於，假如出席者把各自獨享的資訊全部提出來，大家將做出最理想的決策；假如揭露的資訊不夠完整，會議上做出的決策就無法達成目標。我用一個例子來說明研究團隊設計的任務類型：假設有間公司召開了人才招募會議，經過層層面試、篩選和查核資歷之後，最終選出兩名應徵者加以評估，姑且把應徵者分別稱為「真金小姐」和「討喜小姐」。要是會議出席者完整掌握了特定人員獨享的每個情報，會明白「真金小姐」的資歷更適合這份職缺，應該錄取她才對；但假如出席者只關注多數人共有的資訊，少數人知道的「真金小姐」特別之處無

14 編註：邁阿密大學心理學教授，他的研究領域包括群體決策、團隊績效協調以及社會互動的計算建模。

法浮出水面，「討喜小姐」就會獲得支持。這個研究找來多位研究者額外執行六十五場研究計畫，結果大多數情況中出席者只討論了共有的資訊並據此做出決定，個別人員獨享的情報雖然與開會主題高度相關，卻仍舊沒能揭露，這導致研究中的開會成效和解決方案往往乏善可陳、平凡無奇。比如史塔瑟跟泰特斯就在其中一場研究發現，做出較佳決策的比例不到20%——套用我們所舉的例子，這代表絕大多數時候都是討喜小姐得到工作。

為什麼會議容易受到共有資訊所主導，個別獨有的情報則受到埋沒？原因在於我們提出大家都知道的資訊時，會從他人身上獲得社會贊同（social approval），使這些想法反過來受到強化。假如其他人認為我們說的是事實，常會給予點頭、支持的眼神和微笑等回應，我們也喜歡這些反應。人人共有的資訊不會製造爭端——相對地，獨有的資訊卻會造成波瀾，因為這樣的情報可能挑戰既有的想法和思維，但這對於避免團體迷思是必要的（團體迷思指的是一個群體為了追求和諧，產生被迫遵從主流意見的壓力，缺乏經過批判性思考的決策）。其實我們已經知道一個預防團體迷思的重要策略，就是確保在討論過程中提出相反意見和特殊觀點。回顧BIC推出內褲的失敗案例，

BIC真正需要的是開一個會讓出席者提出疑慮，例如：①拋棄式的布料並不是很舒服；②這個產品真的有需求嗎？③我們身為文具品牌的形象很強烈，適合推出內衣褲嗎？事實很明顯：對企業組織而言，把和主題有關的特殊意見和反對觀點攤開來討論至關重要。

沉默是否真的能解決這個問題？想像一下這樣的情境：有六個人在會議室腦力激盪，試著想出對策解決某個難題，腦力激盪結束後，研究人員計算會議上發想了多少點子，然後衡量這些想法的品質。接著想像另外六個不同的人坐在會議室針對同一個難題腦力激盪，但是不必互動，而是把點子寫在紙上，完成之後，研究人員再次確認數量和品質。採用這種或類似情境的研究超過八十個，結果十分驚人：無論是點子品質或數量，受測者彼此互動的會議都遠低於受測者互不交談的會議，開會人數越多，這個效應就越強。

為何不交談的會議在腦力激盪的表現反而優於開口討論的會議，研究人員提出了三個原因來解釋。第一，「產出阻礙」（production blocking）消失了。開會的大原則是一次一個人發言（雖然實務上常常相互打岔），但這反而會妨礙意見表達，因為出席者可能會把點子忘了，或是等輪到他發言時，他已經覺得那個點子跟話題無關或沒有必要提出來了。此外，有時要抓到開口的時機並不簡單，西北大學管理學教授莉．湯普森（Leigh Thompson）發現，傳統的腦力激盪會議中60%到75%的時間只有少數人在講話，由於他們主導了討論，別人很難插口提出自己的想法。

第二個原因是，默默寫下點子讓出席者不必擔心出糗，尤其是不必記名的場合，這麼一來就能毫無拘束地貢獻想法。出席者的認知不會受到別人在會議開頭提出的意見所影響，也能防止初期討論形成規範，讓出席者認定哪些點子會受到接納、哪些不會——出席者無論有什麼想法都能自由揮灑。

第三也是最後一個原因是，所有人都必須參與安靜書寫的過程，畢竟紙筆就放在他們面前。如此一來，出席者就不能躲在其他人的意見後面。整體來說，靜靜書寫的討論法似乎能降低絕佳點子被埋沒的風險。

身為會議主持人，我們必須憑藉有效益、有效率的方式，盡可能從出席者身上獲取各種關鍵、獨特和重要的想法，否則召集大家的意義何在？有幾種善用沉默的技巧可以幫助我們做到這點。

靜靜取得進展：腦力書寫

腦力書寫（brainwriting）的技巧是有策略地運用沉默來激盪想法，並排列每個點子的優先次序。基本上，腦力書寫是在開會時安靜地相互分享寫下來的想法，這個過程可以讓所有出席者同時進行，因此不必輪流發言。大部分的會議都可以清楚知道每個人貢獻了什麼，腦力書寫則能保有一定程度的匿名性，不見得要在各自寫下的內容上標註姓名或身分。另外，腦力書寫需要一個人帶領，這個角色不一定要由會議主持人擔任，主要任務是管控簡單的腦力書寫流程，並在書寫期間提醒大家安靜。所有出席者都必須保持沉默，私下對話會使流程偏離正軌。話雖如此，會議主持人或帶領書寫的人還是可以隨時允許大家開口，關鍵在於要正式宣布開放每個人都能說話。

關於腦力書寫與相關發想形式的數據相當正面，這個方法可以激發豐富多樣的點子，滿意度和參與度也相當高，在在證明這不僅受人喜愛也確實有效。近期的一項研究發現相較於傳統的腦力激盪，採用腦力書寫的團隊產出的點子多了20%，原創程度更是超出42%。腦力書寫可以視需要調整為好幾種形式，以下分享其中幾個來說明種類之多，每一種都可以配合會議目標進一步變化，共通點在於能蒐集大量未經篩選的點子跟想法，同時避免破壞出席者之間的和平與友好。

搭配投票的簡易腦力書寫法

這個版本的腦力書寫極其簡單，不過威力依然強大。你只需要紙筆（活頁紙、索引卡，甚至是大張的便條紙都行），然後召集所有出席者，請每個人在紙上簡單寫下對某個題目的回答。題目必須是攸關開會目標的重要提問，以下是有些企業組織用過的例子：

- 如要改善跨部門溝通，可以採取哪些關鍵行動（列舉一到三項）？
- 如要改善跟廠商採購的流程，可以採取哪些關鍵行動（列舉一到三項）？
- 如要改善新進員工的到職流程，可以採取哪些關鍵行動（列舉一到三項）？

每個人都要沉默地寫下回答，這樣各自的答案都不會受旁人與其他回答的影響。每張紙只寫一個點子，假如有十個人開會，每人各想三個關鍵行動，最後總共會收到三十張紙。這套流程有個小小的變化版，可以鼓勵出席者用寫下來的點子互動，激盪更多想法：把腦力激盪題目發給每位出席者，題目必須是開放式的，也就是不限定一到三個點子，而是想越多能達成目標X、Y、Z……等等的點子越好；一張紙同樣各寫一個點子，全部正面朝下放在會議桌中央，等出席者寫完所有的想法，即可伸手到會議桌中間抽一張寫了新點子的紙。讀了之後可能會想到新的，也可能不會，總之出席者可以視需要不斷抽出桌子中央的紙再放回去，看看有沒有其他靈感浮現。

帶領腦力書寫的人（可以是一位，也可以是兩位、三位、四位）蒐集回答，加以分類，把概念相近的集中在一起，這可以在發想的同時進行，或是等結束後再整理。比方說，在三十個點子裡頭也許可以歸納出三到十種主題，或稱為「大類別」，大類別一成形即可進入下一個階段。假如大類別的數量偏少，團隊可以選擇是要在這場會議詳細討論每一類，還是留待下次開會，帶領人也能透過投票縮減需要討論的大類別數量。要投票的話，帶領人可以用膠帶或圖釘將五到十個大類別固定在牆上，然後讓每個人考慮想優先深入討論哪幾項。投票可以採取完全匿名，在其他人全部轉身背對的情況下，一次一個人上前投票；另一個極端則是開放每個人自由投票，直接走過去用某種記號或貼紙標出想進一步發展的點子。接著統計投票，留下得票數最高的幾個想法待日後討論或探索。透過這個極為包容與民主的做法，即可大幅縮減之後要討論的方案。這個流程的特別之處在於從頭到尾廣納意見、引人投入、節省時間，又大致消除了必須遵從主流意見的壓力。這樣的會議所花的時間，往往只需要傳統腦力激盪會議的三分之一。

腦力書寫：紙筆討論版本

用紙筆方式討論的腦力書寫是上述技巧的進階版本，營造了廣納多元意見的討論空間，但從頭到尾都以書寫的形式進行。先假設有一群人齊聚一堂，考慮或評估五到十個概念或點子——比如說，我曾經看人應用這個技巧評估五種行銷方案、七種新員工訓練計畫的點子，或是三個新產品的構想。

把每個點子或概念各寫在一張海報紙上，固定於牆壁上或會議室裡的不同桌面，每張海報通常要隔一段距離，這樣進行腦力書寫時會比較自在，也較有隱私。接下來，出席者拿著筆在會議室內走動，在貼著點子的各處寫下意見、想法或是值得細想的地方。意見的形式跟性質可以有很多種，我看人寫過「我好愛這個」，也見過「嘿，這我覺得可行，但要注意在美國的效果不一定會跟法國同事做的一樣好」、「不確定我們的顧客會不會想要這個」，以及內容扎實、頗為詳細的批評。出席者也可以針對已經寫下的意見回覆想法。

要是想不到某張海報上要寫什麼也沒關係，可以先寫其他海報，晚點再回來寫這一張。隨著大家在會議室中走動，各種意見與對意見的回饋逐漸增加，可以清楚看出討論開始成形——以書寫的形式。等大家看來擠不出更多意見了，就是結束這個階段的時候。接著可以用貼紙投票或開始討論後續如何進行，這取決於開會的內容和需求。

在這一節的最後，我來分享一個我印象格外深刻的腦力書寫範例。有個會議主持人負責帶領總共八人的專案小組，這是由人資部門副總經理成立的團隊，目的是設計針對新進員工的指導計畫。主持人希望交出有意義的方案，但對於整個指導計畫含糊籠統的宗旨頗感疑慮（譬如，任何地區和職位的新進員工是否都要參與這個計畫？計畫是否適用於公司內部升遷？）。因此，她希望在第一場會議帶領專案小組處理這些問題。

她決定採取腦力書寫技巧。她發給每個人各數張索引卡，給了以下指示：「正式開始這個專案前，如果你對於我們的工作範圍和職責有任何疑問想請人資副總經理回答，請寫在索引卡上，一張卡寫一個問題，把寫過的卡疊在右手邊。」接著她說明，每個出席者都要持續在索引卡上寫問題，直到想不出其他問題為止（桌子中央也準備了額外的空白索引卡）。想不到還有什麼問題能寫的時候，就從自己的左手邊抽出一張同事傳給他們的卡，用那張卡做以下三件事的其中一件：①讀索引卡，把讀了之後想到的新問題寫在新的索引卡上，然後傳給右手邊的人；②讀索引卡但沒有任何想法，就把卡傳給右手邊的人，然後再抽一張卡；③讀索引卡，在卡上寫一點意見或補充，然後傳給右邊的人。

值得稱賞的是，這位主持人決定不下去參與，而是專注於管控流程，確保不至於讓人覺得拖沓，觀察大家的臉部表情和各種線索，判斷何時需要推進下一階段。完成整個流程後，他們找出許多問題，包括指導計畫適用於哪些人、可用的資源有哪些、過去辦過什麼指導計畫，以及成立專案小組的用意是什麼，接著由主持人去找人資副總經理釐清這些疑問。主持人跟整個專案小組都對這套流程非常滿意，這個方法不僅讓他們獲得更豐富的資訊，得以建構合乎目標、成效良好的指導計畫，也決定了日後的開會基調，使創新、實驗、包容和充滿樂趣成為常態。

持續靜靜取得進展：安靜閱讀

下一個在開會時運用沉默的方式很特別，也就是靜靜閱讀。沒錯，光是沉默地閱讀就能當作提升開會成效的技巧，假如開會內容是一個點子、概念或計畫的提案，尤其適合這麼做。許多企業組織的開會通常都是先做正式簡報，接著讓會議出席者討論與評估簡報內容，但Amazon——更確切來說是執行長傑夫．貝佐斯（Jeff Bezos）就曾質疑這種做法的價值，而且理由相當充分。貝佐斯想針對每個點子本身的優缺點去評估，避免被發表人的花俏簡報、性格跟演講能力給左右；他也不希望出席者在會議上做決定時，受到基於必須維持向心力的無形壓力給影響。他想培養單純根據優缺點來評估點子的文化，為此他認為一起靜靜閱讀是達成這個目標的關鍵方法。

Amazon 就此建立了一套標準制度：所有點子、概念跟提案都必須鉅細靡遺地寫下來，會議開頭會有一段安靜的時間，讓每個人閱讀這份內容完整的報告，閱讀的期間通常不會提問。這段時間有可能是十到三十分鐘，不是預先在開會前完成，而是作為一個環節納入會議中，因為貝佐斯和 Amazon 的領導團隊都明白，員工的工作很忙碌，很難抽空完成開會的前置準備。藉著把這個任務當成會議的一部分，每個人都處在同樣的起跑線，每個人都會得到相同的體驗，最重要的是可以確保大家在討論前確實讀過了報告，這麼一來，人人都能準備充分地參與會議，再也沒有人抱怨誰偷懶略過開會前的準備工作。唯一需要在會議前花費大量心思準備的人，就只有負責寫報告的「發表人」。

為了在開會前撰寫報告，發表人必須深入思考自己的提案，提出有說服力的理由，接著才可以占用他人的時間一起多方交流。書面報告最多不可超過六頁，而且必須遵循一定的體例，包括主題（例如面臨的問題）、有助於從各方面了解問題的數據、提議的解決方法、提案會如何影響顧客。Amazon 甚至開設訓練課程，教員工撰寫這些白皮書的最佳方法。

安靜閱讀的環節結束後，熱烈的討論通常緊接而來。這些討論往往比一般的會議更深入，因為書面報告能夠詳細描寫一個點子的前因後果與根據理由，比簡報有深度得多，絕不膚淺。人的閱讀速度會比發表人口頭講述更快，所以多出來的內容不必耗費較長的時間，不只如此，人在閱讀時更能掌控獲取資訊的速度，想要的話可以隨時回頭重讀，這樣自行控制讀速有助於理解。如果只是被動地聆聽發表人講話，心思很容易分散或神遊，閱讀就比較不容易分神。

重點在於，閱讀關於簡報的文件能更有效率地獲得更豐富的資訊，記住的內容比較多，進一步激發深入的探討、辯證以及寶貴的論述。有個常見做法是讓大部分資深主管先克制住自己的意見，等其他人表達完想法再說，以免過早影響討論的走向。開會結果一般會是以下三種：否決書面報告的內容（比方說這不是需要急著進行的優先事項）；要求改寫書面報告以回應一些疑慮，有可能之後再開一次會；接受書面報告所提的計畫、時程表跟後續行動。

除了以上的流程，這項技巧也有一個「輕量」版。意思是，安靜閱讀的技巧適用於任何類型的會前準備素材跟讀物，不一定非得像白皮書那麼正式，但都可以用會議開頭的時間直接準備這次開會，讓所有出席者都能專心讀完開會素材，在相同的立足點上展開討論。我還沒有見過這方面的研究，不過每次跟體驗過類似流程的出席者聊聊時，他們初步的回饋都非常正面。

綜合歸納

結束這章之前，先來回顧整個大脈絡。卓有成效的會議主持人在召集大家開會時，會體認到自己正在規劃、設計一場會議體驗，必須為別人的時間負責，因此非用心策劃不可。當所有人在同一時間抵達，彼此互動、設法達成某個任務（這種典型的會議每天都有好幾百萬場），主持人等於是使用了一個工具，姑且替這個工具取個假想的名稱：同步口語互動技巧（simultaneous verbal interaction technique），縮寫為SVIT。對，這個名字很長，縮寫也很醜，不過取名字有助於我們明白，主持人其實在沒有意識到的情況下決定採用了一種開會技巧。

SVIT是我們最習慣選擇也最傳統的開會工具，我們通常都預設要這麼開會，但世上其實還有其他威力強大的工具存在。像腦力書寫和安靜閱讀這類比較不傳統的工具，代表的是給會議主持人的基本替代方案，讓他能根據開會目標挑選，主持人的成敗取決於他是否願意選擇最適合當下任務的工具。能把會議帶好的主持人會抱持開放的心態，根據開會目的，把所有可能的工具都納入考量，嘗試過一個技巧之後，主持人會反思與學習、調整和成長。記住，就算某個工具效果超群，也不代表應該一體適用於日後所有的開會目標。不過身為會議主持人，確實有一些受到佐證的強大選項可供我們考慮，而我們都知道沉默確實有機會成金。正如美國喜劇演員威爾・羅傑（Will Rogers）的名言：「如果有閉嘴的好機會，千萬別錯過。」

重點精華

1. 會議的確有機會創造加乘效應，這也是最理想的結果。在真正能發揮加乘效應的會議上，出席者之間的互動能激盪出各自無法單獨想到的點子跟解方，這時候的全體將大於個別的總和。
2. 為了發揮加乘效應，你可以嘗試跳脫傳統方法，例如在會議加入保持安靜的環節。開會時如果給員工一段安靜的時間構思新想法，或針對他人的點子思索意見，可以破除產出阻礙、團體迷思和社會賦閒，對會議大有益處。

3. 想在會議上納入有效益的沉默環節，一個技巧是搭配腦力書寫。腦力書寫是在開會時安靜地寫下關於特定主題的點子，然後彼此分享。研究表明，腦力書寫可以產出更多想法，也會提升創造力。假如要在會議上使用腦力書寫，可請出席者針對一個題目寫下的想法跟點子，加以分類、投票，或用書寫的方式討論。

4. 另一個在會議上善用沉默的技巧是安靜閱讀，概念是請員工在回應一個新點子或企畫之前，先安靜地讀完提案，而不是聆聽簡報，讀完之後即可展開有意義的討論。安靜閱讀可以讓員工更理解新點子、記住更多資訊，由於省略了簡報、減少會議前的準備工作，還能節省時間。

5. 雖然傳統會議多半會納入綜合討論，並針對議程的每個討論事項輪流發言，但務必記住沉默也能發揮妙用。不見得要在每場會議都納入靜默的橋段，不過這對主管和會議主持人來說是很好的工具，值得放在心上。

CHAPTER 10

／愚昧的遠距電話會議

推陳出新的科技對開會產生巨大的影響，這些新技術能夠：①讓身處遠方的人透過影片或其他方法（包括虛擬實境）參與；②協助出席者之間立即傳遞和討論內容；③有助於同步創造新內容。儘管多了這些進步，會議最基本的性質仍未改變；在二十一世紀，會議的核心要素大致仍與十九世紀相去不遠。

雖說如此，有個牽涉到科技的會議形式的確需要不同的開會方式，也就是電話會議，用電話連線的可能是全體參加者，也可以是多位參加者或少部分參加者。這裡指的不是視訊連線，而是只用電話打進去，這種做法其實頗為普遍。儘管視訊科技不斷與時俱進，但電話連線的開會模式看來沒那麼早退場。大家時時刻刻都在四處奔波，經常人不在辦公室裡或桌前，所以參加者不但得遠距開會，還得在得不到視覺線索的情況下開會（他們看不到別人，別人也看不到他們），造成了相當大的挑戰。

遠距開會更可能失敗

假如問員工是否認為純語音的遠距會議有效，你會聽到異口同聲的「沒有」；但假如你問員工，有機會的話是否想以電話連線的方式開會，答案多半是異口同聲的「是」。這兩種立場怎麼可能共存？其實我們的研究數據能解釋這個現象。員工喜歡以電話連線參加會議，是因為這讓他們能重新掌控自己的時間，可以邊開會邊處理其他事務。這種可怕的情況（至少對組織和主管來說很可怕）一點也不讓人訝異，前幾章就提過了社會賦閒的概念：一個人身處團體中時，付出的心力就會減少。有強力證據指出，一個人的身分越是隱匿，就越有可能進入社會賦閒的狀態；享有不會被看見的優勢將創造最適合隱匿自我的環境，遠距開會的人因此能直接遁入背景，只要適時插入幾句「我同意」、「說詳細一點」或「謝謝」看起來就會很投入，殊不知他正高高興興把握機會處理跟會議無關的事務。如果每個受邀開會的人對這場會議都不可或缺，那麼遠距參與者不全心投入顯然對會議的成效有害。

即便假設參加者的確有專心開會的動機，在只能遠距聽到聲音的情況下也很難好好參與，尤其是五人以上的會議。少了視覺線索，會議可能充斥以下的狀況：①大家互相打斷彼此的發言；②難以找到溝通的節奏；③缺乏視覺線索的輔助，容易對發言內容產生誤解（例如較難覺察諷刺或判斷對方的動機）。不僅如此，萬一連線訊號不良或背景有雜音，都會令溝通內容的豐富度降低，阻礙參加者順暢溝通的能力。

整體來說，基於上述的社會賦閒和溝通挑戰，這種常見開會模式的主持方法必須從根本上改變。接下來，本章會討論如果部分或全體參加者都得以電話開會，有哪些特殊事項必須考量；解決之道包括調整主持會議的方式，以及其他針對這類型會議安排架構的做法（例如善用會議的間隔）。[15]

15 原註：本章和前幾章略有不同，關於這類會議可以如何改善的研究沒那麼豐富，因此我主要是汲取自己和企業組織合作的經驗，以及根據相關研究在合理範圍內推論出來的做法。

如何主持混亂的純語音會議

有效進行這些會議的首要方法，就是盡量讓參加者放棄電話連線，改以視訊開會。建議在協調開會時間時，請參加者盡可能用視訊方式參與會議（像是WebEx、Google Hangouts、Skype），前文提到的許多潛在溝通問題和社會賦閒情形只要有視覺線索都能夠化解。然而，參加者依然可能由於外出行程或是否有科技產品能夠配合等因素而沒辦法視訊開會。在部分或全體人員只能透過語音參與會議的情況下，想有效主持開會需要格外花費心思與努力。面對這個艱鉅的任務，有一些主持技巧可以幫助你（這些技巧大多也可以用在視訊會議上）。以下針對開會前、中、後提供建議，最好搭配本書前幾章提到的技巧使用。

開會前

● 考慮「禁用」靜音按鈕。請參加者找個安靜的空間專心開會，藉此消除使用靜音功能的需求；即使參加者不一定能找到這樣的環境，但這絕對是合理的要求。一旦開了靜音功能，參加者幾乎注定走向一心多用的結局。

●提早開啟電話會議連線，供參加者確認一切都運作無礙。讓大家養成在正式開會前提早確認的習慣；遲到的問題在這種開會模式中往往分外嚴重。

●根據開會形式的限制，謹慎選擇討論事項。務必認清，在開會的形式較缺乏豐富的線索（像是少了視覺線索）時，會比較難展開有意義的討論。

開會中

●記錄出席狀況——也就是點名。讓大家熟悉每個參加者的嗓音。使大家養成準時開會的責任感。

●規定每個人發言時先報上名字（例如：「我是戈登，我的想法是……」）。

●徵求參加者的同意來扮演會議的「監督」，堅定地讓對話走在正軌上，在適當的時機點不同的人發言。參加者多半都會同意，因為每個人都知道這類型的會議多容易失去正常作用。

- 在討論過程中頻繁稱呼大家的名字，主動控制對話的節奏，邀遠端參加者表達意見（例如：「莎夏，說說妳的看法」）。當個積極進行「空中管制」的主持人。做發言紀錄來確保每個人都貢獻了意見，因為這種開會形式很容易漏掉人。
- 開會期間，盡量對著特定的人提出問題和評論。假如只有部分參加者是遠距參與，其他人都一同坐在現場，請在開會過程中積極讓遠距開會的人加入討論。
- 準備好可以即時通訊的方案，這不是為了讓大家有機會私下聊天，而是要讓參加者在開會中途想發言的時候可以告知你，或在你漏了什麼事的時候提醒你等等。
- 少了視覺線索，務必把說話速度放慢一些，偶爾停頓一下，這樣參加者會更容易理解。
- 如果你使用 WebEx 或 Zoom 這類視訊平台，請善用科技提升開會體驗。

善用每一個功能，分享畫面、顯示簡報、即時建立內容等等，假如可行的話還能進行小問答或統計。

開會後

- 定期徵求參加者的建議，了解如何改善會議（該停止、開始或繼續執行哪些事情）。
- 在開會後找機會讓參加者彼此見面，培養信賴、建立關係、促進同理心、進一步認識彼此，也了解各自的幽默風格，這對往後的會議大有益處。

替代架構

假如純語音會議的規模夠小（約二到四人），強力的主持應該就足以化解這種開會形式常見的問題和挑戰，不過人數越多，就會越需要大力積極調整會議的結構。因此接下來要談的是這類會議可以運用的其他架構，不過這一切的前提是：遠距開會（尤其是人數較多的時候）要能成功，會議本身必須短而精實，而且主持人必須明白，這個類型的開會方式需要輔以其他活動才能達到最佳效果。為了說明相關的原則與相應的最佳做法，以下分享一位西門子主管的範例，她負責帶領有十二位遠端員工的團隊，在此化名為珊蒂。

善用小組

珊蒂把大部分的電話會議時間控制在十五分鐘左右，通常用於溝通有關特定議題的資訊、釐清需要處理的問題、宣布策略，有時也進行初步的腦力激盪（比如初步發想點子和想法）；不過，她不會用這些會議做決策、解決問題，或任何需要進行討論的重要活動。有必要做決策的時候，她會選擇兩種方式。其一是把團隊分成三個小組，每組四人，各組會討論目前遇到的問題、發想可能的點子，然後草擬解決方法，並推派一個人擔任小組代表。這些小組人數夠少，所以每個人都會積極參與（每組的成員長期下來會互相輪換）。之後由各組代表和珊蒂碰面討論問題，做出決定，接著再對所有人說明。這個流程近似於代議民主，每個人都投入了一定程度，開會規模卻大幅縮減（少於四人），讓大家得以深入參與和交流，從而避免許多大型純語音會議的溝通與協調困難（比方說，協調三到四個人的電話會議比協調十二個人來得容易多了）。

善用間隔

第二種讓遠端團隊做決策的方式，我稱之為「運用間隔」，也就是利用每一場簡短會議之間的間隔。為了說明，這裡分享珊蒂的另一個例子。珊蒂先跟團隊開一場遠距會議，在會議上概要講解需要請大家一起解決的問題，也回答大家對這個難題的疑問，這次開會只用了十五分鐘。開會後，大家用類似Google文件的基礎共同編輯工具，各自找時間發想點子和解決問題的方法。幾天之後腦力激盪結束，珊蒂指派一位團隊成員來整理和濃縮文件，這份文件接著就能用於下一個階段：列出優先次序。

她寄電子郵件請團隊成員返回文件，投票選出五個他們認為最可行的解決方案（這個階段若有必要可以匿名進行）。接下來她安排一場二十分鐘的遠距會議，這並不困難，團隊一開始就每週預留兩小時給這類活動。這次開會，珊蒂說明哪幾個選項得票數最多，然後主持討論，讓大家商討入選的幾個選項以及提問。珊蒂不追求取得共識，她明白在電話開會的互動模式中大家很難真心達成一致的意見。隔天，團隊成員透過線上問卷（例如 Qualtrics 跟 SurveyMonkey）投票選出心目中的最佳方案，之後由珊蒂宣布後續的方向，指定三個成員來執行，這三人享有一定的自由，可以在合理範圍內依照意外狀況調整解決方案。

在第二個做法中，珊蒂很清楚遠距會議的限制，所以擬定了另一種高效率的開會流程，這點讓我很欣賞。他們的總開會時間只有三十五分鐘，珊蒂卻有辦法讓大家高度參與，最終的解決方案也深受成員認同。團隊成員都覺得這套開會流程不僅尊重大家的意見，更尊重所有人的時間。我想在此強調的重點是，假如會議主持人善用「開會間隔」，不僅可以確實節省時間，還能創造非凡的成果。她這個例子示範了如何運用間隔來達成某一個開會目的，但這個方法只要稍加調整就能配合大部分開會目標，用來蒐集資訊和意見、針對資訊與意見提出回應、投票、決定優先次序等等。

順帶一提，有數據表明把一場會議切成兩到三次，會得到品質更好的成果。我來分享一個相關的社會心理學經典研究：研究人員要求一場會議的出席者針對當前的任務共同做決策，然後要出席者重新做一次決定——這顯然是頗為特殊的要求。研究人員並未干涉團隊第二次的決定，也沒有針對第一次選定的解決方案提供初步回饋。令人驚訝的是，第二個解決方案通常比第一個方案整合更多意見、更具創意，而出席者自己也會察覺這些進步。研究人員認為，把會議拆成好幾個階段有助於消除開會常見的一種傾向：時機尚未成熟就尋求共識。意思是，出席者經常一窩蜂支持最早成形的合理解決方法和點子，太早停止認真思辨和分析斟酌，把開會拆成好幾次就有機會減少這種偏誤。有趣的是，《哈佛商業評論》在二〇〇四年刊登一篇題為〈別再浪費寶貴的時間〉（Stop Wasting Valuable Time）的文章，文中探究 Cadbury Schweppes 和波音等公司如何實踐這種開會方式，常見的是先開一次會討論各種方案，之後再開一次會來做決定。這些公司都發現，把討論跟決策分開的話會得到品質更好的成果。

結論

我投注超過十年研究如何提升開會的效益，真心認為純語音的遠距會議最難主持——起碼想得到良好的結果很難。但我也見過這種會議發揮出色的效果，而那些案例都善用了本章提到的建議。我還可以很有信心地說，只要有辦法搞定這個極為棘手的狀況，身為會議主持人的你一定成就感非凡，因為絕大多數主持人都沒辦法把這種會議帶好。此外，本章提及的技巧不只在純語音會議上必不可少，也能應用於其他開會形式跟情境，例如在面對面開會的情況下，善用會議間隔也能產生強大的作用。

重點精華

1. 儘管會議上不斷引進日新月異的科技，我們必須謹記，會議的本質仍然沒有改變。即便有了精良的技術，開會基本上還是由與工作相關的互動構成、發生在至少兩個人之間、架構比單純的聊天嚴謹，但及不上講課。

2. 本書大部分內容都適用於所有會議，但有一種類型的會議需要特別留意：只有語音的遠距會議（例如電話會議）。我們一定要記得，這種開會方式容易造成社會賦閒，也就是一個人置身於團體中會減少付出的心力。這樣的會議也可能充滿溝通上的問題，像是產生誤解或節奏不順暢。

3. 為了避免純語音遠距會議的缺點，這種會議的主持人必須非常積極調節，讓會議聚焦於任務上、鼓勵每個人參與（在請他們參與時喊他們的名字）、考慮禁用靜音按鈕來提升投入度，以及持續評估會議的進行狀況。

4. 要是開會的人超過五個，考慮改採其他架構也很有用，包括善用小組和開會的間隔。

CHAPTER 11

／綜合應用

會議是所有企業組織的基本特徵，而我們絕不該把爛會議視為組織的常態。開會是相當可觀的投資，光是美國每年就在開會上挹注超過一兆美元，我們理當要求回收優渥的報酬。

本書引用了幾次前英特爾執行長安迪·葛洛夫的話，他曾比喻偷時間就像偷辦公室設備；我要大膽地說一句，除了開會之外，企業組織面對其他投資的態度絕不可能這麼輕率——不但很少評估，又沒有改善的動力。我們沒能積極想辦法減少直接與間接成本（例如不滿之情跟機會成本），反而以為爛會議就是日常，視爛會議為業務運作的必然成本。另一方面，管理大師彼得·杜拉克主張開會是組織效能不佳的指標，應該把會議徹底消除，但我強烈反對這個看法；少了會議，一個組織很難蓬勃發展、追求創新、長期保持靈活與韌性。

成功的組織和成功的領袖都明白，光是採取微小而正面的改變（比方說一週開一次會），就能為組織帶來顯而易見的好處，也促進員工的健康、動力和投入度。你現在大概已經明白，不良的開會方式在很多企業組織都十分猖獗，但好消息是只要審慎採取應對之道，就能奪回許多時間。就算只替員工省下10%的時間，全體員工加乘下來，對整個組織的收益也必定有正面影響。最後這一章把全書的觀念統整起來，最後一次敦促各位採取行動。這些精華概念大致可分為五類：①推想和預測；②準備；③心態；④積極主持；⑤檢討回顧。

推想和預測

組織中的活動大多會有一定程度的預先擬想和規劃，尤其是與客戶有關的。也許這類規劃只花了五到十五分鐘，然而大家都明白，想要在尊重他人時間的情況下有效地舉辦一場活動，必然需要費點心思考量。身為會議主持人，你只要事前花點時間設想——在腦中想像整個會議、流程、關鍵需求、關鍵挑戰，就能提升最終的成功機會。另外還有一個更積極的預想方式，就是在開會前做一次「行前預想」（premortem），基本上就是預先設想事後可能會有的後見之明：主持人先想像開會失敗了，再倒推回去找出可能的失敗原因。運用這個技巧規劃會議，主持人就能避免或減少會在失敗的情境中出現的問題，這樣的審慎有益於最後的成功，而且一樣可以只花五到十分鐘。接下來，以上的思考推演即可用於下一階段：準備。

準備

開會前有好幾個決定得做，而且必須做得妥善；做這些決定應該清楚自身的目的，而非單純依循習慣或傳統。要決定的事項包括開會時間、議程、出席者，以及開會的環境。如第四章所說，根據帕金森定律，工作會自我膨脹來填滿分配給它的所有時間，準備開會時請謹記這個道理，根據目標、議程、出席者等各種因素，花點時間審慎決定會議的長度。規劃開會的時間點與長度時，別忘了不安排在整點或整數有其好處。假如這個建議與你們的文化衝突太大，不妨考慮沿襲 Google 的做法，把原本都開一小時的會改為五十五分鐘，或甚至五十分鐘（也可以把任何會議都縮減五到十分鐘）。你很可能會發現像這樣縮短幾分鐘可以減少遲到的狀況，營造恰到好處的正面壓力，讓會議更有生產力。

正如第五章所說，談如何改善職場會議的自助書籍幾乎都主張議程能解決一切，但議程並不是萬靈丹。具體而言，研究顯示徒有議程其實無法提升會議的滿意度或成效。想讓議程發揮成效的話，會議主持人在設計議程時必須清楚自身的意圖，就像規劃活動一樣審慎思考、規劃。另外，記得讓議程保持新鮮！不要直接打開慣用的議程 Word 檔案，改一改左上角的日期就印出來帶去開會。有個很棒的訣竅可以配合特定會議打造議程，同時增強每個人的責任感，那就是向出席者徵求該納入議程的討論事項。除了這個推薦做法之外，我也建議主持人把非討論不可的項目排在議程開頭；假如你每次都在會議開頭讓大家報告進度，不妨考慮把報告挪到會議的結尾。同樣能確保會議上處理到特定內容的方式是，你可以考慮訂定每個項目能花費的時間。這點我建議視每一場會議的需求來決定，先把時間分配好未必會提高成效，但確實有其作用，假如你從未或偶爾才使用這個方法，不妨一試。要是有員工很少參與討論，可以考慮指派他們「負責」一個討論主題，藉此提升他們的投入度，也有助培養他們的領導能力。

「開會人數越多效果越好」這樣的假設看似合理，畢竟人一多，想法跟資源都會增加，還可以利用更多人的聰明才智；不幸的是有證據表明這並非事實，第六章就探討了相關佐證。萬一開會人數過多，通常會造成太多意見、會議運作困難，甚至產生社會賦閒。太多人出席容易有問題，然而事情不是純粹刪減名單就能搞定。沒受邀開會的員工很可能會覺得被排除在外，這也怪不了他們——身為人類，我們天生就有集會碰面的需求，受邀參與活動能讓我們產生歸屬感，基於這個原因，縮減邀請對象可能會讓不少員工消沉沮喪。為了解決這個問題，請判斷有多少人是必要的出席者，然後向非必要的人員提供其他以更適合的方式參與的機會。對於開會的「最適人數」，我建議先審視開會目標，判斷哪些人跟這場會議相關也有出席的必要。找出每個目標需要的關鍵決策者跟利害關係人，會更容易決定邀請名單。如果有些人只需要出席一小段時間，可以考慮用預排議程時間的做法，讓各組員工只參與跟他們最相關的環節。不過你很可能會碰到一種狀況：有的人雖然有理由參加，卻稱不上非來不可，邀來這些比較次要的關係人又會導致開會人數太多。針對這類型的人，與其邀請他們來開會，不妨試試另一種方法：在開會前徵詢這些次要關係人，蒐集他們的意見，這麼一來他們即使沒受邀也會有參與感。與此同時，請做好品質優異的會議紀錄（包含哪些人在會後要負責執行什麼事務）發給所有人，也發給這些次要的關係人。控制開會規模的第三招是為次要關係人保留日後參與的空間，他們有意願的話就可以來開會。最後一個把會議控制在合理規模的建議是考慮指派「代表」，也就是指派一個出席者在會議上代表一整群未受邀的關係人，比方說某個部門，由這名出席者基於他們的集體利益發聲。這個人要負責出席會議，代替整個群體發表意見，也隨時讓他們了解最新狀況。

第七章談到人類很容易陷入習慣和例行公事的固定模式，我們習慣在同一個地方、同一個時間、跟同一批人坐同樣的位置開會，大致的開會方式跟流程往往也相同，這麼做容易使開會變得單調乏味。我提供了幾種讓開會更有變化的方法，其中一個技巧是改變會議的座位安排。這個做法看似單純，不過員工坐在誰旁邊、對面是誰、和誰距離最遠，絕對都會影響開會體驗與整體的開會品質。你很可能已經注意到了，每次開會時，大家往往都坐在同一個位置。你可以考慮直接要求出席者換座位，或是運用名牌、調整會議桌的布置跟開會地點等等，藉此改變座位配置。要是你想乾脆捨棄椅子，可以嘗試透過邊走邊開會讓會議多一點變化。走路對健康的眾多益處早有充分的佐證，包括減少肥胖和心血管疾病等等，還可以提升創意與專注力。但務必記住，邊走邊開會的形式最適合二到四人，而且依然需要事前規劃，最好選擇可以反覆繞圈的戶外路線（不過稍有變化也很歡迎）。最後一個建議是嘗試站著開會。就像走路一樣，站著對健康的好處也比坐著更多。除了健康因素之外，站著開會能提升開會的滿意度與效率。人數較多的時候也可以站著開會，但為了避免疲勞應該縮短開會時間，大約十五到二十分鐘即可。

開會心態

主持人的開會心態是會議成敗的關鍵預測因子。第三章說明了給予者或僕人型領袖的概念，這樣的心態會決定主持人帶領會議的方式。抱持這個心態的人在規劃和主持會議時，會明白自己的責任是讓每個人花在這場會議的時間值得，並且讓這場會議對每個人都有價值。相形之下，有的主持人選擇透過控制或主導整場會議來展現權力，這樣的人經常讓每次討論和互動以自己為中心，但這麼做很消耗精神，沒有多餘的氣力積極管控整場會議的互動。僕人型和給予者心態的主持人不會利用會議拉抬自己的地位，反而積極準備跟參與，投注心力創造良好的會議體驗；主持人會管控重要的開會互動方式，引導所有出席者參與討論、提出適當的疑問、以身作則積極傾聽、鼓勵大家發表意見、協調發言次序，也處理突發的衝突紛爭；這樣的主持人會積極協調，但避免把自身的意志強加於他人。這些行為能培養信賴、安全感、坦誠溝通，激發大量的意見跟創新思維，也贏得認同。

雖然說了這麼多，但主持人免不了該在必要時下達指令和推動討論。然而若是採取僕人型和給予者的主持方式，出席者更能在過程中感受到主持人的真誠。他們會明白主持人是為了他們採取行動，也能認同開會的結果。整體而言，僕人型領袖會自豪地善盡控管時間的責任，體認到這是最終通往成功的道路。

積極主持

由於會議可能被視為打斷正事的干擾，從出席者踏進會議室的那一刻起，會議主持人就應該努力營造正向的氣氛。要達成這個效果有幾個技巧，比方說播放音樂，或是親切歡迎出席者。你可能會發現如果要實現這個目標，提供點心是更受歡迎的選項；美國名廚茱莉亞．柴爾德（Julia Child）[16]曾說「沒有蛋糕的宴會不過是場會議而已」，雖然我不保證這麼做能讓開會昇華成開宴會。

除了能在出席者到來時做的事，讓會議有好的開始也至關重要。參考第八章提供的幾個題目來擬定有意義的開場白（例如肯定整個團隊的成就），提醒出席者「開會的價值」。為了敦促出席者在會議開始後認真開會，請避免大家在會議上同時處理其他事務。有的公司索性全面禁止使用手機、筆電或平板，你可能會覺得這樣太過火了；你可能有充足的理由，允許開會時在一定範圍內使用科技產品（像是開著手機以防有緊急要務，或是用筆電做筆記），但請記住，我們其實都沒有自己以為的那麼擅長一心多用。為了維持遵循這些建議的動力，也讓開會保持新鮮有趣，換點花樣來主持會議是很重要的。你可以考慮運用線上問答、進階版角色扮演、分組討論，甚至是伸展活動，這些技巧都能提升開會期間的正能量和專注。

如果想跳脫傳統的做法，不妨試試在會議納入保持安靜的環節。在會議上插入一段安靜的時間，給員工發想新點子或琢磨對他人提案的想法，可以減少產出阻礙、團體迷思跟社會賦閒的情況，對會議相當有益。第九章說明了運用靜默來開會的幾個方式：腦力書寫跟安靜閱讀。腦力書寫是讓大家在會議上靜靜地寫下關於某個主題的想法，然後與其他人分享。雖然安靜地進行腦力激盪乍聽好像違背了開會的用意，研究卻顯示腦力書寫能激發更多點

16 編註：一九一二～二〇〇四，出生於美國加州的帕薩迪納市，是知名廚師、作家與電視節目主持人。曾登上一九六六年十一月二十五日的《時代》雜誌封面。二〇〇九年，她的故事被翻拍成電影《美味關係》。二〇二二年，她的傳奇一生被翻拍成電視劇《傳奇廚神茱莉亞》。

子、更多創意。採取腦力書寫的話，可以提供索引卡、紙條，甚至是便條紙，讓出席者針對一個題目寫下想法跟靈感，再把那些點子分門別類，接著進行票選或用書寫的方式討論。第二個在會議上運用沉默的技巧是安靜閱讀，也就是揚棄典型的會議開場、發想、計畫與 PowerPoint 簡報，改讓員工安靜地閱讀提案或其他討論素材，接著可以帶領大家展開有意義地討論。安靜地閱讀能讓員工更深入理解新點子、記住更多訊息，而且由於省略了簡報跟開會的前置準備，反而會節省時間。

最後，你偶爾勢必需要主持不是每個人都能實際到場的會議，有些人可能會出差，或者你說不定要跟不同地區的出席者合作。在這樣的情況下，你必須了解遠距開會獨有的挑戰，以及克服這些困難的方法。請務必考慮換個方式安排這類會議的架構，比方說縮短開會時間、運用會議的間隔、在開會前預先蒐集資料等等。此外，請放心自在地徹底接納自己的職責，積極擔任「監督者」：直呼參加者的名字請對方參與討論、對特定的人提問，也可以考慮禁用靜音按鈕來減少一心多用的情況。

檢討回顧

第三章提到了一個壞消息：你很可能沒有自以為的那麼擅長主持會議。放心，你不孤單。研究證明，無論什麼年齡、什麼行業，人都很容易高估自身的能力。要評價自身的主持技巧，可能跟在沒有鏡子的情況下看到自己的後腦勺一樣困難，不過只要接受這個事實，我們就能想辦法提升自我覺察能力，加以改進。

在開會這方面，只要仔細觀察，其實能從一些訊號判斷會議品質和自己的主持能力。出席者是不是整場會議都在用手機？出席者是不是頻繁地私下聊天？出席者是否不太喜歡提出不同意見？這些都是會議主持能力的負面指標。要是整場會議大多是我們自己在說話，出席者沒有主動參與討論——猜對了，這也是代表主持能力不佳的負面指標。這類訊號就是出席者給我們的回饋，不用多說，一旦出現這些訊號就代表是時候改變了。

撇開像這樣自行留意訊號，對主持人而言，最好的做法是定期評估自己主持的例會，這項評估執行起來應該快速簡單，做成一份只有幾個題目的問卷讓所有出席者填答（哪些事情該停止、開始或繼續做下去）。這些數據能提高你身為會議主持人的自我覺察力，讓你更精準掌握整個局面，而不是純然仰賴自己的認知。收到回饋後，你就能夠展開改變——讓你以更有效的方式帶領會議，出席者也會感謝你真心在乎他們、尊重他們的時間。

關鍵重點

開會開得不好，主管、團隊、部門與組織顯然都會受到傷害。解決之道不是根絕會議，完全不開會只會讓企業組織受苦，畢竟會議還是有潛力達成許多正面的目標。首先，會議讓個別出席者能夠彼此交流，從而培養關係、人脈，最重要的是獲得支持。第二，會議是蒐集點子、想法與意見的理想途徑，這些都能讓每個人把工作做得更好，促進協調合作。第三，開會讓主管和員工得以達成共識，提升效率跟團隊合作。第四，會議讓大家更認同可能沒在工作職責當中明確規範的目標、計畫和整個願景，員工會認知到自己不是單打獨鬥，而是大團體的一分子。最後，開會使每個獨立的人集結起來，凝聚為一個群體，這能讓整個團體更靈活適應、更有韌性、自主應變能力更強，尤其是面臨危機的時候。

我希望身為會議主持人的你願意嘗試新的方法，透過各種實驗讓會議變得更好。你不必一口氣採納所有的技巧，只需要先嘗試其中幾種看看會有什麼結果，隨著時間過去可以再多加幾項，接著再加幾項；主動進行這整個流程，嘗試、檢討、學習，嘗試、檢討、學習。你不但會看見會議有了直接的改善，這個流程也會向你身邊的人傳達這樣的訊息：你很樂於實驗、樂於冒合理的風險、樂於成長，從而養成追求創新與成功的文化。不只如此，周遭的人也可能受你啟發，以同樣的態度面對他們的會議，過不了多久，整個企業組織挹注於會議的投資就能回收更大的報酬。集合我們每個人的力量，一次從一場會議做起，就能解決當前開會效能不彰的亂象——最起碼，身為主持人的你可以挽救你帶領、掌控的會議。

EPILOGUE

／結語：運用科學，超越科學

本書從頭到尾都試著運用開會的科學辨識出棘手的開會問題，並提出經過實證的可行解決方案。這一章則試著超越當前的科學進展，調查了第一線的開會人士，蒐集他們的想法與改善開會的建議。本章是與我指導的優秀博士生凱爾希．格林涅（Kelcie Grenier）共同撰寫。

執行方法

我想知道開會的人見過或體驗過哪些創舉是他們認為有效的，於是我們透過 LinkedIn 寄信給大量專業人士，邀請他們花五分鐘填寫一份關於開會的問卷。問卷主要有兩個問題，分別是：

- 「撇開最基本的項目（例如議程）不談，在主持人用來提升會議成效的方法之中，你見過最創新的是什麼？」
- 「如果你見過一個組織採取措施，以求提升會議的成效、更善用時間（例如舉辦特定的訓練課程、強制規定某些時段不能開會），其中你認為最創新的是什麼？」

超過一千人填寫了線上問卷，受訪者來自各種職業：執行長、行銷副總經理、品管經理、IT專業人士、管理顧問、非營利組織的主管、記者、犬舍監督等等，任職於形形色色的公司，從Google、美國銀行再到地區性的建設公司都有。

接著我們歸納整理了這兩題收到的回答，在不更動受訪者原話的情況下，大家提出的會議創新點子洋洋灑灑列了一百頁左右。你大概也猜到了，其中許多想法都很類似。我們運用主題分析，把將近兩千個創新點子濃縮成四十八個涵蓋甚廣的建議，這四十八個建議又可以分為四大類別：

1. 對會前準備的建議
2. 對如何進行會議的建議
3. 對如何結束會議的建議
4. 關於必要組織政策和運作方式的建議

以下幾頁把這四大類分別製成表格，列出所有的建議，並把頻繁受到提及的點子標註星號。請注意，常被提及不代表這個建議比較好，只代表許多受訪者都想到了同樣的事。

撰寫本章的一個主要動機，是為了列出當前學術研究尚未挖掘出來的改善之道；有趣的是，現有研究看來緊密扣合了開會人士的成功故事，我們非常高興地發現，第一線職場人士透過問卷提出的創新改革，和本書涵蓋的觀念相當一致。

針對會前準備的建議

建議	問卷蒐集到的範例	更多資訊
只在真正有需要時開會。★	假如要討論的問題已經解決、開會的原因已透過其他方式（例如電子郵件）處理完畢、非出席不可的人無法來開會，主持人應該取消會議。	第四章 第五章
邀請對的人。	只邀請對會議來說有必要的人，或是來開會有助培養其專業能力的人。此外，請相信員工會知道自己什麼時候對會議沒有幫助，允許出席者表達這樣的看法，並給予他們在這種情況下可以拒絕開會的權利。	第五章 第六章
在開會前蒐集意見。★	為了讓出席者參與擬定議程的過程，先邀請大家發表意見，徵求大致的評論、看法，以及議程該加或不該加哪些討論事項。問卷對於蒐集這類資訊格外有用。	第五章 第六章
排出議程上每個討論事項的優先次序，訂定時間限制。	把議程上的討論項目排出優先順序，並且分配專屬的時間。	第四章 第五章
提前發送議程。	在開會前把議程發給所有出席者，納入開會目標、每個出席者的參與目的等額外資訊。	第五章
提供分量不多但必要的準備素材。	在開會前發送任何必要的閱讀或說明素材，盡可能縮減素材的分量。	第九章
有意識地選擇環境。★	規劃會議的環境、運用站著開會或邊走邊開會等策略、使用典型會議室以外的空間、可以考慮指定座位來增加會議的變化。	第七章

附註：星號表示經常被提及的主題。

針對會議進行的建議		
建議	**問卷蒐集到的範例**	**更多資訊**
指派出席者要負責的角色。★	指定會議出席者要承擔的責任（包括主持會議等），並考慮定期輪替這些職責。	第三章 第五章
窮盡所有方法確保出席者準時到場。	禁止遲到的人進入會議室，避免遲到的人打擾會議，以及／或在開會後跟遲到的人單獨談談。	第四章
善用科技設備讓必要的員工參與，即便他們無法實際到場或不在當地。★	使用能讓最多人舒適參與的媒介來開會。假如有人無法實際到場或必須特地為了開會跑一趟，線上會議可以讓他們在工作最不受打擾的情況下參與。	第十章
禁止使用可能讓人分心的個人裝置。★	不要允許會讓人分心的科技產品進入開會空間。考慮要求大家在門口檢查手機、把手機放進共用的籃子，或直接禁止使用手機。	第七章 第八章 第十章
會議開始時，運用正念技巧來提升專注力。	以正念技巧展開會議，就算只有幾分鐘也可以。	第八章 第九章
在出席者抵達時關心他們。	關心出席者，問問他們最近如何，展現你對他們身心健康的重視。	第八章
玩一點破冰小遊戲。	用簡單的破冰小話題來展開會議，諸如「哪一部電影最棒，為什麼」這類刺激思考的破冰話題可以激發創意。	第五章 第八章

附註：星號表示經常被提及的主題。

針對會議進行的建議

建議	問卷蒐集到的範例	更多資訊
表達感謝。	針對出席者的付出和貢獻表達感謝，當作會議開場。	第五章
使用並顯示一個「成本計算機」，強調時間的重要。	製作和顯示一個「財務分析」或「成本計算機」，根據出席者的時薪計算這場會議的開銷，既能夠確保大家遵守時間限制，也能判斷這場會議的必要性。	第二章
鼓勵積極參與。	運用視覺圖像促使大家積極參與，但請確保這些視覺不會引人分心（例如限制 PowerPoint 簡報的投影片數量）。除了視覺圖像之外也可以善用其他促進積極參與的技巧，例如角色扮演。	第八章 第九章 參見「良好會議主持行為檢查表」
提供或支持大家使用可以把玩的小物。	體認到這樣的需求，或為可能需要「把玩」一些東西來提升專注力的人提供這樣的環境。準備（或至少支持使用）軟綿的清潔通條、黏土、指尖陀螺這類物品。	第八章
安排休息時間。	安排、運用簡短的休息時間，讓出席者可以去洗手間、喝水、確認電子裝置等等。	第四章 第八章
善用幽默。	營造輕快的氣氛，讓會議保持活潑。這樣不但能避免讓開會太過單調，也有機會打破緊張氣氛。	第八章
利用問題來引導會議。	擬定以問題組成的議程，而不是只有陳述的議程。	第三章 第五章

針對會議進行的建議

建議	問卷蒐集到的範例	更多資訊
運用科技設備讓出席者即時發表意見和回應他人。★	使用可以分享螢幕畫面的軟體以及共同編輯的文件，讓出席者能同步做筆記和處理事務。	第六章
隨機指定參與項目。	假設每個出席者都能對任何主題貢獻意見，可以隨機選擇出席者參與話題，讓出席者保持投入、隨時準備好參與討論。有許多網站和應用程式都可以用來公平地達成這個目標。	第十章
有些人可能不夠自在，或是被其他出席者的鋒芒掩蓋，請主動引導這些人表達意見。★	除了最搶著發言的人之外，細心留意誰可能有話想說，主動鼓勵他們參與。	第三章 第五章 第七章 第八章 第九章
鼓勵出席者提出不同觀點。	在一些討論中扮演（或鼓勵他人扮演）魔鬼的代言人。營造支持反面意見和創意思考的環境，鼓勵參加人員跳脫既有的信念和預設想法。	第三章 第八章 第九章 參見「良好會議主持行為檢查表」
有技巧地將偏離主題或缺乏建樹的對話引導回正軌。★	在必要時以圓融的手段，引導話題回到對開會目標有益的正軌。在適當時機善用「停車場」技巧，事後再回頭討論較適合稍後或在其他會議處理的事項。	第三章 第四章 參見「良好會議主持行為檢查表」

附註：星號表示經常被提及的主題。

針對會議進行的建議

建議	問卷蒐集到的範例	更多資訊
盡可能遵守規劃好的時間限制。★	遵循議程所排定的時間，準時開始會議，在結束時間快到時引導出席者收尾。	第四章
肯定他人的貢獻，而不是只關注主持人自己。	鼓勵出席者多多參與，而且體認到開會的成效最主要來自出席者的貢獻，而不是主持人。	第三章 參見「良好會議主持行為檢查表」
在整個開會過程中蒐集意見。	在整個會議中，持續針對需要處理的議題（以及多少人有疑問）徵求意見回饋，用投票來決定要執行的點子，藉此有效地推動會議進展。透過適合的功能技術（像是能進行線上問答的網站）匿名進行會很有用。	第八章 第九章 參見「良好會議主持行為檢查表」

附註：星號表示經常被提及的主題。

針對如何結束會議的建議

建議	問卷蒐集到的範例	更多資訊
準時結束會議。★	把議程和時間表當作指引，務必處理完必要的討論事項，但不要讓出席者留到超過會議邀請上寫的結束時間。	第四章
如果必要的討論事項已經處理完，就讓會議結束。	如果已經完整討論過整個議程，就結束會議。不要用額外的討論事項來「填補」剩下的時間。	第四章
以每個人都同意的方式，指派任務給個別人員。	持續記錄該執行的項目（例如記在共用文件中），建立共識，讓每個人清楚了解誰該負責什麼、對這些事項的期望（例如截止期限）。	第五章
在開會後總結內容提供給出席者，讓他們之後有機會反思和回顧。	寄電子郵件來總結討論內容和決策，也重述一遍該執行的事項。把這份文件寄給出席的人，還有可能沒出席會議但跟這些資訊相關的人。請出席者在發現你的摘要有誤時告訴你。	第六章
以正面氣氛結束會議。	確保出席者離開會議時，對整個過程和體驗有正面的評價。想達成這樣的效果，可以在會議結束時提供午餐，藉此鼓勵大家放鬆地討論，也當作與其他出席者相互交流的機會。	第八章

附註：星號表示經常被提及的主題。

關於必要組織政策和運作方式的建議

建議	問卷蒐集到的範例	更多資訊
如果可以，縮短開會的長度和減少頻率。★	訂定時間較短、頻率較低的開會標準，也支持這樣的會議。允許各個部門定期重新評估這樣的開會標準（例如半年一次）。	第四章
制定針對遲到的原則，一體適用。	制定適用於整個組織的遲到原則（像是「遲到就不允許開會」），而不是讓主管自行訂定特定的規則，結果組織各單位的規定都不同。	本書未討論
預留確切的日期跟時間，專門用來開會或禁止在這個時段開會。★	規定某幾天或某個時間禁止開會，例如「週五不開會」，確保員工能有不受干擾的工作時間。此外，也可以保留專門預留來開會的日期或時間，這樣會更容易安排所有相關人員都能出席的會議。	第四章
了解開會人數多少才適當，制定成標準加以推行。★	訂定會議規模的標準，目標是以較少的人數開會。如前幾章所言，只邀請真的有必要參與的人。	第六章
運用圍圈討論。	透過頻繁舉行簡短的圍圈討論，提高出席者的專注力，也促使不同部門交換最新資訊。	第三章 第四章

附註：星號表示經常被提及的主題。

關於必要組織政策和運作方式的建議

建議	問卷蒐集到的範例	更多資訊
不要把開會時間排在整點（例如，排在整點過後十分鐘）。★	提倡預留前往赴會和休息的時間，也培養這樣的文化。如果要安排會議的開始跟結束時間，不要像傳統做法那樣以三十或六十分鐘為單位，比如說可以改開五十分鐘的會。	第四章
適用於整個組織的規定和期望，應該讓所有人都看到。	組織的每個成員都應該知道和了解組織對開會的期望，做法可以是把「規則」張貼在會議室，或是把期望以視覺方式呈現於整個組織各處。	第七章
提供適當的訓練。	無論員工是否擔任主持人的角色，都應該給予技能訓練。可考慮運用模擬情境（某些學術課程或線上資源會有），進行更積極主動的訓練。	第三章
提供強而有力的意見回饋給主持人跟出席者。	向立場客觀、和會議無關的旁觀者徵求意見，以及／或請出席者評估成效。錄下會議進一步蒐集資料，再運用這些資訊來補強主持人或整個組織的訓練跟發展。	第三章 第八章
鼓勵主持人創新，嘗試新的開會方式。	用組織的理念價值和文化作為驅動力，建立與維持對會議的期望，每天加強這些期望。鼓勵創新，但在創新沒達成效果的時候也接納這樣的結果，善用這些案例進行機會教育。	第四章 第九章 第十一章

附註：星號表示經常被提及的主題。

工具

TOOLS

TOOLS

／會議品質評估：計算開會時間浪費指數

說明：回顧你開過的會議，在這份評估當中，你需要寫下會議中存在或發生特定「負面事件」的比例。可以四捨五入到最接近的十位數字，像是10％、20％、30％。作答時不必想太多。

第一部分：思考以下關於規劃會議的事項（也就是會議前的籌備活動），寫下過去一個月來在會議上實際發生的比例。

會議 規劃		發生頻率 百分比
1.	沒有清楚定義開會目標。	
2.	出席者沒對議程提出意見。	
3.	開會前沒提供議程給出席者。	
4.	開會前沒發必要的素材。	
5.	沒邀請所有相關人員，或者不是所有相關人員都出席了會議。	
6.	邀太多人開會。	
7.	以開會目標而言非必要的人也來參加了會議。	
8.	會議室跟設備無益於進行有品質的討論。	
以上八個項目的總百分比		%
以上八個項目的平均百分比（總數除以八）		%

第二部分：從「時間動態」、「人際動態」、「討論動態」三個角度出發，針對會議本身評分，並寫下過去一個月來你參與的會議中發生這些情況的比例。

	會議本身 ｜時間動態｜	發生頻率 百分比
1.	會議延後開始。	
2.	出席者遲到。	
3.	出席者毫無準備地來開會。	
4.	會議主持人沒做好準備就來開會。	
5.	會議所排的時間比真正需要的多。	
6.	會議沒能有效運用時間。	
7.	會議感覺開得很趕。	
8.	會議延遲結束。	
9.	這場會議其實不必要。	
以上九個項目的總百分比		%
以上九個項目的平均百分比（總數除以九）		%

會議本身 ｜人際動態｜		發生頻率 百分比
1.	沒把出席者多元的觀點納入考量。	
2.	出席者看似沒有認真傾聽彼此說話。	
3.	一部分出席者主導了整個會議，犧牲了其他出席者的參與度。	
4.	出席者之間互不贊同，影響會議成效。	
5.	出席者沒有彼此尊重。	
6.	出席者花許多時間抱怨。	
7.	出席者沒抱持開放的心態面對新的點子或想法。	
以上七個項目的總百分比		%
以上七個項目的平均百分比（總數除以七）		%

會議本身 ｜討論動態｜		發生頻率 百分比
1.	出席者似乎不願意坦誠發表想法。	
2.	沒有鼓勵出席者參與討論。	
3.	出席者漫無邊際地說廢話，沒能推動討論進展。	
4.	討論岔到了不相關的話題。	
5.	出席者形成小團體私下聊天，讓別人跟著分心。	
6.	出席者在開會時一心多用做別的事（例如使用手機）。	
7.	出席者沒有用心投入會議。	
8.	會議上沒有做出慎思明辨的決策。	
以上八個項目的總百分比		%
以上八個項目的平均百分比（總數除以八）		%

第三部分：以下列出會議結束後或針對會議結果採取行動的事項，請寫下過去一個月來，你參與的會議中發生這些情況的比例。

會議後		發生頻率百分比
1.	會議結束時，該執行的事項跟相關負責人不明確。	
2.	會議結束後，沒有人總結開會時決定的事項。	
3.	主持人後續沒有追蹤大家該執行的事項。	
4.	出席者後續沒有執行自己該做的事項。	
5.	沒有人評估會議品質。	
以上五個項目的總百分比		%
以上五個項目的平均百分比（總數除以五）		%

寫出上述每一項的平均百分比，並計算總平均。

1.	會議規劃	%
2.	會議本身：時間動態	%
3.	會議本身：人際動態	%
4.	會議本身：討論動態	%
5.	會議後	%
以上五個類別的總百分比		%
以上五個類別的百分比總平均（總數除以五）		%

此處算出的百分比總平均即代表「浪費掉的會議投資」，也就是時間浪費指數。我根據和各個組織的合作經驗，歸納出解讀這項總分的指引：

- 假如浪費掉的會議投資成本落在0～20%之間，表示你的會議相當有生產力，雖然尚有改善空間，但分數已經優於一般狀況。
- 假如浪費掉的會議投資成本落在21～40%之間，表示你的會議是好是壞往往要碰運氣，浪費的時間還不少。現況有待改善，不過教人哀傷的是，你的分數是我們在各個組織經常觀察到的典型狀況。
- 假如你浪費掉的會議投資成本超過41%，表示你的會議亟需改善。你的得分遠低於平均。

TOOLS

／適用於會議的參與度問卷和三百六十度意見回饋問題範例

參與度問卷問題範例

這些問題可以聚焦於一個團隊、一個部門或整個企業的會議數量跟品質，或是以上全包；或者，問題也可以聚焦於不同主持人（甚至是同事）的會議成效技巧與行為。以下是幾種問卷題目的範例，回答可分為從「非常不同意」到「非常同意」的幾個等級。

- 我的主管能夠有效主持會議。
- 我的同事能夠有效主持會議。

- 回顧我們部門所開的會議，我大致上會說這些會議引人投入。
- 回顧我們部門所開的會議，我大致上會說這些會議運作得很好。
- 回顧我們部門所開的會議，我大致上會說這些會議都是必要且切合需求的。
- 我們的會議只會邀請真正需要開會的人出席。

三百六十度意見回饋問題範例

這些問題可以聚焦於核心人物主持會議的表現，或是聚焦於特定的開會行為。同樣的，這些問題可以用「非常不同意」到「非常同意」的等級來回答。以下是一些例子：

同事X

- 有效主持會議。
- 在開會前提供議程。

- 在開會前針對議程徵求意見。
- 記錄需要執行的事項，並且持續追蹤這些項目。
- 用開會時間處理關鍵議題。
- 讓討論持續進行。
- 在開會時連帶處理相關問題。
- 在開會時鼓勵出席者多多參與討論。
- 營造大家能夠自在表達反對意見的環境。
- 在開會時仔細傾聽。
- 不會讓單一出席者主導整個會議。
- 審慎規劃會議。

TOOLS

／良好會議主持行為檢查表

時間管理

- 根據議程的大方向，有效掌握開會的時間與節奏。願意在必要時讓大家休息，藉此重整思緒或是重振精神。
- 遇到確實需要討論的突發議題，不會草草帶過；能夠判斷所提出的議題是否比較適合在後續的會議上討論。
- 推動對話持續進行（例如察覺對話已經離題，拉回需要討論的主軸）。

積極傾聽

- 以身作則，在他人發言時積極傾聽（也就是確實了解其他人想說的是什麼）。提出絕佳的問題，讓大家真正了解他人的想法。
- 持續釐清和總結討論進展跟大家的意見，讓每個人都了解過程和當下討論的主題。
- 仔細傾聽隱含的疑慮，協助指出來，讓大家能有建設性地處理那些疑慮。
- 持續與負責會議紀錄的人確認，確保各項議題、行動、重點毫無遺漏地記錄下來。和出席者確認紀錄內容都正確無誤。

衝突管理

- 鼓勵大家針對點子相互交鋒（例如提出任何相關的疑慮），然後積極接納和管理意見上的衝突，確保為工作表現和決策帶來益處（比如指出大家看法一致之處、應該更進一步討論之處）。如有負面的人身攻擊立即出手阻止，向團隊重申必須針對點子進行有建設性的討論。

- 維護大家能夠放心提出異議的環境（例如：感謝大家分享多樣的觀點），歡迎大家辯論。
- 遇到有失尊重的行為時迅速處理，把討論重新拉回正軌，提醒大家保持建設性，也提醒出席者記得遵守開會的基本規則。

確保主動參與

- 主動引導他人表達看法（比如請尚未發言的人表達意見）。記住有誰想發表想法，稍後回頭讓他們發言。
- 運用肢體語言（比如用不明顯的微小手勢示意對方需要收尾）以及轉折句（像是「謝謝你的想法」），避免單一出席者主導整個對話。
- 約束其他同仁說話的狀況，避免私下聊天越演越烈。

推動共識

- 測試出席者是否相互贊成或有所共識，藉此掌握會議的進展，但不要在沒必要的情況下過度向他人施壓，強迫他們在沒有準備好的時候做出結論（除非事出緊急）。
- 願意衡量出席者的反應，確保整個流程有效運作，導向出色的決策。
- 明白何時該果決地出手介入會議流程加以引導（例如討論失焦，每個人都搶著講話），何時該放手讓會議自由發展。
- 坦誠地協調正在進行的對話，不會特別看重自己的觀點或點子，致力於保持公正，清楚表達自己的看法也只是需要討論的一種意見。

TOOLS

／圍圈討論執行檢查表

常見的圍圈討論主題（選擇一到三項）

已經發生的事與成就	即將發生的事
● 你昨天辦到了什麼？ ● 你昨天完成了什麼？ ● 你或團隊有任何重要成就可以分享嗎？ ● 有任何關於客戶的重要進展嗎？	● 你今天要做什麼？ ● 你今天的優先要務是什麼？ ● 你今天預計完成的事情當中，最重要的是什麼？ ● 你今天或本週的三個優先要務是什麼？
關鍵指標	**障礙**
● 我們在公司最重要的三個指標上表現如何？ ● 我們在團隊最重要的三個指標上表現如何？	● 什麼障礙讓你的進度停滯不前？ ● 你是否正面臨任何瓶頸？ ● 有什麼障礙是團隊可以幫忙的嗎？ ● 有任何事情拖慢你的進展嗎？

圍圈討論的執行

何時、何地、如何進行

- 長度為十到十五分鐘
- 每天（或每兩天）在同一時間舉行
- 最適合在早晨進行
- 通常在同一個地方舉行
- 可以的話經常站著進行

維持正常運作

- 準時開始和結束
- 提醒每個人圍圈討論的目標，以及為何要實現這些目標
- 建立圍圈討論的規則（例如簡潔扼要的溝通）
- 提醒大家圍圈討論的規則

- 訂定開放延伸討論的「特別時間」
- 定期評估

參與

- 邀請他人針對圍圈討論的規劃提供意見
- 參與的通常都是相同人員
- 通常是強制出席
- 假如無法實際到場，則必須遠距參與
- 確保所有出席者會彼此互動交流，而不是只跟主持人溝通
- 偶爾輪替主持

最後一項要素

- 試著把圍圈討論辦得有趣

議程
開會日期： 開會時間： 地　　點：

會議主要目標（或非做不可的重要決策）

1.

2.

3.

討論事項 1：

說明

流程備註：
準備：
時間（如適用）：

討論事項 2：

說明

流程備註：
準備：
時間（如適用）：

會議主要目標（或非做不可的重要決策）
討論事項 3：
說明 流程備註： 準備： 時間（如適用）：
討論事項 4：
說明 流程備註： 準備： 時間（如適用）：
總結：
● 會議結論的重點 ● 預計執行事項與負責人 ● 關於下一次開會的注意事項（可能是預計討論的主題）

TOOLS

／完成出色會議紀錄的指南

- □ 寫下所有重要資訊和關鍵內容，包括人、事、時、地。
- □ 記錄會議中所做的關鍵決定和行動方案。
- □ 記錄會議上提出的任何疑問和回答，以及團隊提供的點子。
- □ 發展可以快速筆記的速記法。考慮使用能多人同步撰寫的筆記軟體（例如Google 文件），這可以讓出席者保持投入。
- □ 聚焦在重點上，不要記錄對任何人都無益的閒聊或資訊。
- □ 共同推派負責記錄的人。可以考慮輪流擔任記錄人，或同時指派好幾個人做記錄。
- □ 記錄人不應該同時主持會議。

□ 記下日期、出席人員名單，以及會議的主要目標。

□ 指派任務給參與會議的人，把他們的名字記在任務旁。記得大聲宣告他們的任務，讓出席者負起責任。

□ 會議後立刻審視紀錄並修改更新，讓文意更清晰、修正錯誤、補充任何遺漏的內容。

□ 會議一結束，趁著大家對會議的印象依然鮮明，迅速寄發會議紀錄。這樣做可以提醒每個人各自有哪些該追蹤或執行的事項。

□ 共同決定一個存放會議紀錄的地方（例如 Dropbox 或 Slack）。

／會議期望快速調查問卷

我希望這場會議能夠好好善用你的時間，為了達成這個目標，我擬了這份只需要一分鐘填答的問卷，希望你現在花的這一分鐘幫助我們在未來節省許多時間。收到所有的回覆後，我會歸納出大方向，並把這些收穫分享給大家。

1. 對於身為會議主持人的我，你希望我做到哪些重要事項？你有什麼期望？
2. 你希望其他出席者做到哪些重要事項？你對參加會議的其他人有什麼期望？
3. 為了幫助我們的會議做到最好，你是否還有其他建議？或者是否有其他想傳達的重要議題？

致謝 / ACKNOWLEDGMENTS

我生命中有許多美好的人支持我和我的工作，讓我心中滿是感謝。雖然本書封面上寫的是我的名字，但這絕非我一人之功。首先，我要感謝瑪索里昂文學經紀公司（Marsal Lyon Literary Agency）的經紀人吉兒・瑪索（Jill Marsal），謝謝她的支持、專業和建議。我第二個想感謝的人是牛津大學出版社（Oxford University Press）的資深編輯艾比・葛羅斯（Abby Gross），謝謝她堅定不移地強烈支持本書的概念，還有她了不起的積極回應、極其犀利的洞見、一路以來的善意，艾比絕對把這本書變得更好了！我很幸運從一開始就有出色的博士生當我的夥伴，感謝麥爾斯・墨菲特（Miles Moffit）和克萊兒・艾貝格（Claire Abberger）銳利的雙眼和有力的意見，我也要特別向莉亞・威廉斯（Lea Williams）和凱爾希・格林涅表達發自內心的謝意。每當有從學生身上學習的機會都讓我格外高興，你們從第一頁到最後一頁的回饋、編輯和評論都讓這整本書更上一層樓。我還要感謝我的其中一位導師約翰・凱洛博士，他不僅審查了本書的部分章節，更是科學家兼實務工作者的楷模，我有許多想法都是由他的智慧形塑而成。我要大大感謝我的人生伴侶珊蒂・羅格堡，她打從一開始就支持我寫作這本書，從頭到尾都給了我非常有幫助的指引，不僅閱讀每個章節，還提供一針見血的評語，大幅提升了本書的內容。我當然不能忘了感謝我超棒的雙親，謝謝他們所做的一切，也謝謝他們在我準備撰寫此書時和我分享他們的會議大戰故事。最後，莎夏和戈登，謝謝你們忍受我們家的每一場家庭會議，我真的好愛你們兩個。

參考文獻

由於全書參考資料繁多，完整內容請參照網站。

REFERENCES

國家圖書館出版品預行編目資料

高效開會聖經：99%的會，其實都開得不對！ / 史蒂文．羅吉伯格著；陳思穎譯．-- 初版．-- 臺北市：平安文化有限公司, 2025.9
面；公分．--（平安叢書；第862種）(邁向成功；108)
譯自：The Surprising Science of Meetings: How You Can Lead Your Team to Peak Performance

ISBN 978-626-7650-75-2（平裝）

1.CST: 會議管理 2.CST: 商務傳播

494.4　　114011107

平安叢書第862種
邁向成功 108

高效開會聖經

99%的會，其實都開得不對！

The Surprising Science of Meetings: How You Can Lead Your Team to Peak Performance

作　　者—史蒂文．羅吉伯格
譯　　者—陳思穎
發 行 人—平　雲
出版發行—平安文化有限公司
臺北市敦化北路120巷50號
電話◎02-27168888
郵撥帳號◎18420815號
皇冠出版社(香港)有限公司
香港銅鑼灣道180號百樂商業中心
19字樓1903室
電話◎2529-1778　傳真◎2527-0904
總 編 輯—許婷婷
副總編輯—平　靜
責任編輯—陳思宇
美術設計—倪旻鋒、李偉涵
行銷企劃—謝乙甄
著作完成日期—2019年
初版一刷日期—2025年9月

法律顧問—王惠光律師

讀者服務傳真專線◎02-27150507
電腦編號◎368108
ISBN◎978-626-7650-75-2
Printed in Taiwan
本書定價◎新臺幣340元/港幣113元